U0345265

中华人民共和国科学技术部
中国科学技术发展报告
2007 CHINA SCIENCE AND TECHNOLOGY DEVELOPMENT REPORT

科学技术文献出版社

编委会

编写组

组　长：王晓方　王　元

副组长：申茂向　杨起全　郭铁成　赵志耘

成　员：（以姓氏笔画为序）

丁坤善　于　良　马　缨　王　革　王书华　王奋宇　王俊峰
巨文忠　包献华　玄兆辉　田保国　龙开元　伊　彤　刘冬梅
刘树梅　刘琦岩　吕　静　孙玉明　孙福全　何光喜　何馥香
宋卫国　张　缨　张九庆　张兆丰　张赤东　张杰军　张俊祥
李　津　李　哲　李振兴　李希义　沈文京　沈建磊　苏　靖
陈　成　陈颖健　邵学清　周　平　周文能　房汉廷　罗　可
宝　连　姜桂兴　柯千红　赵　捷　赵延东　赵红光　徐　芃
徐　峰　郭　戎　郭晓林　高志前　高昌林　崔玉亭　常玉峰
续超前　黄　伟　彭春燕　程广宇　程如烟　程家瑜　薛　姝
薛　薇　魏勤芳

序 言

2007年，举世瞩目的中国共产党第十七次全国代表大会胜利召开，把我国各项事业发展推向新的历史阶段，也为科技工作指明了方向。胡锦涛总书记在十七大报告中，把自主创新和科技进步提到党和国家全局工作中前所未有的战略高度，强调坚持走中国特色自主创新道路，把提高自主创新能力、建设创新型国家作为国家发展战略的核心和提高综合国力的关键，作为促进国民经济又好又快发展的首要任务，贯彻到现代化建设各个方面，对科技工作提出了新的更高要求。

一年来，在党中央、国务院的正确领导下，全国科技界坚持以邓小平理论和“三个代表”重要思想为指导，认真贯彻十七大精神，全面落实科学发展观，围绕实施《国家中长期科学和技术发展规划纲要(2006—2020年)》(以下简称《规划纲要》）各项战略任务，充分发挥全体科技人员的积极性和创造性，积极利用国际科技资源，开拓进取，扎实工作，大力推进创新型国家建设，使我国科技发展水平实现整体提升，位居发展中国家前列，部分领域达到国际先进水平。科技进步为我国经济发展、社会进步、民生改善、国家安全、社会稳定提供了强大科技支撑，我国科技事业发展正在步入一个重要的跃升期。

科技创新能力持续增强。2007年我国科技人力资源总量达到4 200万人，居世界第一位。科技投入规模和强度持续提高，中央财政科技投入1 043亿元，带动全社会研究与发展（R&D）总支出3 710亿元，占国内生产总值（GDP）的比例达到1.49%。科技基础条件进一步加强，国家实验室和国家重点实验室等科研基地达到国际同类实验室装备水平。创新性成果大量涌现，我国科技人员发表论文总数已位居世界第三。国内发明专利授权量3.2万件，同比增长27.4%。原始创新能力大幅提升，前沿技术不断突破，为我国未来高技术及其产业发展奠定了坚实基础。

科技支撑能力显著提升。国家科技重大专项稳步推进，专项实施方案编制和综合论证工作大部分完成，大型飞机等专项已启动实施，载人航天与探月工程专项取得阶段性成果，“嫦娥一号”首飞成功，使中国跨入世界上为数不多具有深空探测能力国家的行列。围绕解决能源、资源和环境等重大瓶颈问题，提升产业竞争力，社会主义新农村建设，节能减排，应对全球气候变化，改善民生等方面，组织实施重大集成应用示范工程，攻克了一批核心关键技术和共性技术，为发展先进生产力，调整产业结构，支撑经济社会又好又快发展提供了强有力支撑。高技术产业与高新区蓬勃发展，高技术产业总产值5.0万亿元，国家高新区工业总产值4.4万亿元，分别比2006年增长20.2%和23.6%。国家高新区平均万元GDP能耗仅为全国平均水平的40%，为全国调整产业结构、推动经济增长方式的转变起到了样板和标志作用。

国家创新体系建设进展顺利。以企业为主体、产学研结合的技术创新体系不断加强。科技体制改革不断深化，促进自主创新的法制、政策环境日益完善。《规划纲要》配套政策实施细则相继出台实施，进一步完善了激励自主创新的政策体系。新修订的《科学技术进步法》已经颁布，为提高自主创新能力，建设创新型国家提供了法律保障。行业和地方科技工作喜人，区域科技创新能力不断提高。

《中国科学技术发展报告（2007）》作为政府科技管理部门的年度公开出版物，紧密围绕全国科技界贯彻“十七大”精神，落实科学发展观的实践活动，以提高自主创新能力为核心，系统总结《规划纲要》各项战略任务的实施进展，突出重大专项、节能减排、民生科技等战略重点，综合反映2007年重大科技成就与进展，对于社会公众及广大科技工作者全面了解中国科技进步与创新事业发展，具有重要的意义。

当前，国际金融危机的影响快速扩散和蔓延，世界经济格局以及资源市场配置正在进行重大调整，我国改革开放事业面临新的机遇与挑战。国家经济建设和各项事业发展，比以往任何时候都更加迫切地需要科学技术的有力支撑，更加迫切地需要广大科技工作者卓有成效的创新性实践。为此，我们要更加紧密地团结在以胡锦涛同志为总书记的党中央周围，深入实践科学发展观，坚定信心，振奋精神，积极应对国际经济形势的复杂变化，为保持我国经济平稳较快发展作出切实贡献，实现科技事业和经济建设的新发展，以实际行动迎接建国60周年。

科学技术部部长 万钢

二〇〇九年一月二十日

中国科学技术发展报告
2007 CHINA SCIENCE AND TECHNOLOGY DEVELOPMENT REPORT

前　言

《中国科学技术发展报告》是一部由中华人民共和国科学技术部编写的系列出版物。报告主要描述中国科学技术发展战略、政策、体制改革的进展和国家科技计划的主要安排与实施，介绍中国在主要领域的科学技术发展情况，宣传中国科技战线贯彻落实科学发展观，实施科教兴国战略和可持续发展战略，建设创新型国家所取得的成就，让社会公众更多地了解和理解中国科技发展的全局。

《中国科学技术发展报告（2007）》是中国科学技术发展系列报告的第3卷。本书以学习中国共产党的十七大精神，落实科学发展观，实施《国家中长期科学和技术发展规划纲要（2006—2020年）》（简称《规划纲要》）为重点，全面描述了2007年中国科技工作的战略重点和一系列科技行动（不含香港、澳门和台湾的相关情况），客观反映了国家科技重大专项进展情况，以及科技支撑和引领经济又好又快发展与社会主义和谐社会建设的重大科技成就。本书以简明文字和图表，从国家、地方、行业、企业等多个层面，对中国科学技术发展进行了比较系统地描述和总结。

全书共十三章，与《中国科学技术发展报告（2006）》相比，本书减少了三章。将科技投入、科技人力资源和科技创新基础能力建设合并为一章，删除了国家科技计划体系和制造业科技进步两章，增加了节能减排科技进步一章。同时，在综述中增加了国家科技重大专项进展情况，在前沿技术中增加了资源环境技术、现代农业技术、现代交通技术和地球观测与导航技术等领域的科技进步。

我们希望，本书能成为所有想了解中国科学技术发展和科技工作的人们，特别是各级政府行政人员、政策与管理人员、科技工作者，以及国外政府和有关国际组织参考的一部具有权威性、全面性和客观性的重要文献。

在本书的编写过程中，我们得到了各级政府、行业协会、学术团体、科研机构、高等学校、企业等相关单位和专家的大力协助与支持，在此一并表示衷心的感谢。

编写组

二〇〇八年十月

目 录

第一章　综述

第二章　国家创新体系与制度建设

第三章 科技资源与能力建设

第七章 节能减排科技进步

第八章 高技术产业与高新区发展

第九章 社会科技进步

第十章　能源、资源与环境科技进步

第十一章　区域科技发展与地方科技工作

第十二章　国际科技合作

第十三章 科普事业

附录 主要科技指标

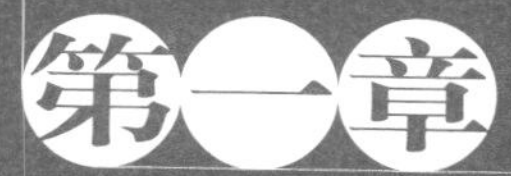

第一章 综述

2007年，全国科技界认真学习党的十七大精神，切实贯彻党中央、国务院的各项部署，以自主创新为主线全面推进科技工作，科技体制改革不断深化，促进自主创新的法制、政策环境日益完善，科技创新能力进一步增强，科技事业取得新的成就，支撑了经济社会又好又快发展，创新型国家建设进展良好。

第一节 科技发展新要求

党的十七大对新时期中国科技发展提出了新的要求。一年来，结合工作实践认真学习贯彻十七大精神，提出科技发展的新思路，努力开创科技工作的新局面。

一、学习贯彻党的十七大精神

党的十七大是在中国改革发展关键阶段召开的一次十分重要的大会。大会高举中国特色社会主义伟大旗帜，总结改革开放的伟大成就，进一步明确了科学发展观的科学内涵和精神实质，描绘了继续全面建设小康社会的宏伟蓝图，对中国社会主义经济建设、政治建设、文化建设、社会建设作出了全面部署，对科技工作提出了新要求。党的十七大报告明确提出，“提高自主创新能力，建设创新型国家”是“国家发展战略的核心，是提高综合国力的关键”，并将其放在促进国民经济又好又快发展的8个着力点之首。要求坚持走中国特色自主创新道路，把增强自主创新能力贯彻到现代化建设各个方面。认真落实《规划纲要》，必须坚持“自主创新、重点跨越、支撑发展、引领未来”的指导方针，建设和形成强大的原始创新能力，在科学技术突飞猛进和科技革命中把握先机并从容应对；形成强大的关键核心技术创新能力，在日趋激烈的国际经济科技竞争中占据主动地位；形成强大的系统集成创新和引进消化吸收再创新能力，在开放的环境中有效吸纳利用国

图 1-1　中国共产党第十七次全国代表大会胜利召开

际创新资源；科学系统地认识中国自然环境和基本国情，实现人与自然和谐发展和社会可持续发展；建设形成高效通畅的技术转移机制，高效的科学知识传播机制，使科技创新产生的经济社会效益惠及全体人民；建设和形成中国特色社会主义法律体系，先进的创新文化、良好的创新创业社会氛围，充满生机活力的创新体系和国民教育体系，使创新智慧竞相迸发、创新人才大批涌现，形成强大的自主创新能力，支撑中国经济社会发展，实现到 2020 年进入创新型国家行列的目标。

全国科技界结合科技工作实际，深入学习贯彻十七大精神，形成了学习十七大精神的热潮。科技部党组把学习贯彻落实十七大精神作为当前和今后一个时期首要政治任务，精心筹划、周密安排，党组成员、部领导带头学习，以党组理论学习中心组的学习带动科技部全体党员干部的学习，促进了全国科技管理系统学习的逐步深入。中科院党组认真学习中央关于构建社会主义和谐社会的决定，认真分析和谐社会对科技创新提出的新要求和新任务，科学判断形势，适应时代要求，明确提出建设改革创新和谐奋进的中国科学院，实现布局合理、四个一流、和谐有序、竞争向上、开放合作、引领发展的发展目标，并将其作为贯穿中科院未来 5～15 年发展的重大战略任务。中国科协党组印发了《关于认真学习贯彻党的十七大精神的通知》，要求各级科协及所属团体把学习贯彻十七大精神作为当前首要政治任务，用十七大精神武装头脑，指导实践，推动工作。

为深入学习胡锦涛总书记“6 · 25 重要讲话”精神并迎接党的十七大召开，科技部党组组织开展了科技工作13个重大专题调研。十七大召开后，重大调研以贯彻十七大精神为指导全面深入展开。科技部领导带队，深入基层、深入实际，先后召开上百次座谈会，特别是分片召开7次地方科技管理部门座谈会，交流学习十七大精神的体会，总结各地方、各部门、各单位的好做法，广泛听取对科技工作意见和建议。在学习、调研的基础上，科技部党组研究提出了《关于深入学习贯彻党的十七大精神，努力开创科技工作新局面的意见》，形成了新形势下科技工作的新思路和新部署。

二、科技发展新思路

科技部党组指出，要切实把思想和行动统一到党的十七大精神上来，高举中国特色社会主义伟大旗帜，以邓小平理论和“三个代表”重要思想为指导，深入贯彻落实科学发展观，把提高自主创新能力作为科技工作的首要任务，把促进国民经济又好又快发展作为科技工作的重中之重，把改善民生作为科技工作的根本出发点和落脚点，加快推进中国特色国家创新体系建设，以改革创新精神推进党的建设和反腐倡廉建设，为建设创新型国家，实现全面建设小康社会的宏伟目标做出切实的贡献。

◎ 把思想和行动统一到党的十七大精神上来

全面领会和把握党的十七大的历史任务和基本精神。要把思想和行动统一到高举中国特色社会主义伟大旗帜上来，统一到深入贯彻落实科学发展观上来，统一到实现全面建设小康社会奋斗目标的新要求上来，统一到提高自主创新能力、建设创新型国家的战略决策和部署上来，统一到以改革创新精神推进党的建设和干部队伍建设上来。

◎ 在科技工作中深入贯彻落实科学发展观

科学发展观是新时期新阶段科技工作必须遵循的行动指南。在科技工作中深入贯彻落实科学发展观，要紧紧把握好以下4个方面：坚持发展是第一要务，坚持“自主创新、重点跨越、支撑发展、引领未来”的指导方针；坚持以人为本，让科技进步的成果惠及广大人民群众；坚持全面协调可持续发展，科技工作必须将服务经济社会发展与科技自身发展结合起来；坚持统筹兼顾，加强科技政策与经济政策、科技资源配置以及科技发展与体制改革的统筹协调。

◎ 把促进国民经济又好又快发展作为科技工作的重中之重

科技工作必须以需求为导向，与产业结构优化升级紧密结合，确立企业在技术创新中的主体地位，大力推进产学研结合，围绕落实《规划纲要》确定的目标和各项任务，以科技创新作为解决国民经济当前和未来发展重大问题的强大动力，实现创新驱动发展。

◎ 把改善民生作为科技工作的根本出发点和落脚点

科学技术是改善民生、促进社会和谐的基础性力量。必须紧紧围绕13亿人民的切身利益和紧迫需求，大力发展民生科技，组织实施民生科技行动，使科技创新的成果惠及亿万群众。

◎ **加快推进中国特色国家创新体系建设**

要坚持以科学发展观为指导，以改革为动力，加强国家创新体系建设的整体设计和分类指导，激发广大科技人员的积极性和创造性，强化创新主体的地位和功能，促进创新要素的互动和优化配置。

◎ **以改革创新精神推进党的建设和反腐倡廉建设**

以党的执政能力建设和先进性建设为主线，坚持党要管党、从严治党的方针，贯彻为民、务实、清廉的要求，坚持用中国特色社会主义理论体系武装党员干部，深入贯彻落实科学发展观，全面推进思想建设、组织建设、作风建设、制度建设和反腐倡廉建设，为科技工作提供坚强的政治、思想和组织保障。

第二节 科技创新能力持续增强

2007年，中国科技活动活跃，科技资源总量增加、结构优化，自主创新能力持续提高，高技术产业化程度加快，科技事业进入新的发展阶段，中国整体科技发展水平已位居发展中国家前列。

一、科技资源配置

◎ **创新要素向企业集聚**

科技投入规模和强度持续提高。2007年，全社会研究与发展支出（R&D）3 710亿元，比2006年增长23.5%，占国内生产总值（GDP）的比例提高到1.49%。从研究与开发的执行主体来看，企业技术创新十分活跃，占R&D支出的比例达到72.3%。

◎ **基础平台建设进一步完善**

2007年，国家先期启动设立了国家重点实验室专项经费，科技部和财政部对实验室运行、仪器设备购置、自主创新研究等给予持续稳定支持。在面向国家重大需求、跨学科研究、重要前沿领域等方面进行部署，推进了海洋、航空等领域10个国家实验室建设，新建了27个国家重点实验室和14个国家野外科学观测研究站。围绕新农村建设、能源和交通等重大产业发展的国家战略需求，新建了12个国家工程技术研究中心。全国大型科学仪器协作共用网已经开通，已形成国家、七大区域和31个省市三级大型科学仪器开放共享体系；实现了众多大型仪器的远程共享，并探索了国际科技资源共用的有效模式；完成了100多万份自然科技资源的信息化描述，气象、地震、测绘、农林等12个科学数据共享中心的数据量达到20 TB以上。开展了创新方法的研究应用和试点工作。

目前，中国初步具备了支撑科技发展的基础条件，国家实验室和国家重点实验室等科研基地达到同类国际实验室装备水平，形成了包括研究实验基地、大型科学仪器、自然科技资源、科学数据、科技文献等较完备的科技基础条件体系，部分领域达到或接近世界先进水平；已建成覆盖全国、通达世界、技术先进、业务多样的信息通信基础网络，网络规模、网络技术位居世界前列。

二、自主创新能力

◎ 科技论文数量稳步增长

2007年，中国国内科技论文数达46.3万篇，较2006年增长了14.4%。2000—2007年间，国内科技论文总数保持稳定增长的态势。近几年来，论文的年增长率变化趋于平稳，基本保持在14%左右。其中，国内科技论文数最多的10个学科分别是临床医学，电子、通信与自动控制技术，计算机科学技术，农学，基础医学，生物学，化学，药学，化学工程，冶金，金属学。排名第1的临床医学领域发表论文11万篇，远远高于第2名电子、通信与自动控制技术领域。这一分布情形与历年的分布基本一致。

同年，中国国际科技论文数量增长显著，SCI、EI和ISTP论文总数达到了20.8万篇，占世界论文总数的9.8%，比2006年的17.2万篇增加了17.3%，所占份额较2006年上升了1.5个百分点。按照国际论文数量排序，中国跃居世界第2位。论文总数位居前5位的国家分别是：美国、中国、日本、英国、德国。在论文引用方面，1997—2007年间，中国SCI论文篇均被引用次数为3.93，比上一年度统计的3.85略有增长。从主题学科分布看，除神经科学与行为科学以外，中国各学科的篇均被引用次数均有所增长，其中与世界平均水平较为接近的是数学、工程技术、社会科学、计算机科学、综合类、材料科学。但是，所有学科的SCI论文篇均被引用次数仍低于世界平均水平。

◎ 专利继续保持快速的增长态势

2007年，国家知识产权局共受理三种专利申请69.4万件，比上年同期增长21.1%。发明专利申请为25.5万件。其中，国内比例为62.4%，国内比例高出国外近25个百分点；国内发明专利申请同比增长25.1%，国外增长4.5%，国内增长比国外高出近21个百分点。

三种专利授权量大幅增长。同比增长31.3%，比上年同期25.2%的增长率高出6.1个百分点；国内发明专利授权增速高于国外，国内增长比国外高出17个百分点，国内授权占发明专利授权总量达47%，国内、外发明专利授权数量的差距进一步缩小。

◎ 原始性创新能力增强

围绕国家战略需求和国际科学前沿，中国加强了基础研究和前沿高技术研究。解决了一批社会经济发展中的重大科学问题，突破并掌握了一批关键技术，为中国高技术产业化奠定了扎实的基础。例如，中国首颗探月卫星“嫦娥一号”发射成功，并传回语音数据和清晰的月面图像，标志着中国首次探月工程取得圆满成功，是继人造地球卫星、载人航天之后，中国航天活动的第三个里程碑，使中国跨入世界上为数不多的具有深空探测能力国家的行列；成功制备出国际上纠缠光子数最多的薛定谔猫态和可以直接用于量子计算的簇态，刷新光子纠缠和量子计算领域的两项世界纪录；首架具有自主知识产权的支线飞机完成总装下线，表明了中国已首次走完了新支线飞机部件研制、大部件对接、全机结构总装的全过程，标志着中国新支线飞机的研制工作全面完成，中国飞机正式跻身世界民用客机行列；高产高油大豆新品种“中黄35”育成，亩产达371.8 kg，这是新世纪中国大豆高产新纪录。

三、科技人力资源

2007年，中国科技人力资源总量约为4 200万人，比2000年增加1 700万人，增加幅度达68%。研究开发人员全时当量达到173.6万人年，比2000年增加了81.4万人年，其中科学家与工程师人数达到142.3万人，比2000年增长104.7%。中国科技活动人员在企业、研究机构和高等学校中的分布开始趋于合理，企业科技活动人员数量明显增长，已成为中国科技人才队伍的主体。2007年与2000年相比，全国研究与试验发展人员增长88.3%。

中国人才培养规模继续扩大，高等教育招生数和在校生规模持续增加。2007年，全国各类高等教育总规模超过2 700万人，高等教育毛入学率达到23%。普通高等教育本专科共招生565.92万人，比上年增加19.87万人；在校生1 884.90万人，比上年增长8.4%。研究生招生数达41.86万人，比上年增长5.20%；在学研究生119.50万人,比上年增长8.17%。

留学人才回国表现出稳定的增长态势。2007年度各类留学回国人员为4.4万人，比上一年增长了4.76%。1978—2007年，留学回国人员总数已达31.97万人。

四、高技术产业化

高技术产业发展较为平稳，2007年实现总产值51 207.23亿元，同比增长18.96%；增加值11 551.2亿元，同比增长17.8%，对工业增长的贡献率为10.8%，拉动工业增长1.2个百分点。但增加值同比增速较上年回落0.8个百分点。

高技术产品进出口继续快速增长，是支撑中国外贸增长的一大支柱。2007年，中国高技术产品进出口规模不断扩大，总额达到6 348亿美元，同比增长20.1%。高技术产品的出口额和进口额占全部商品出口额和进口额的比重分别达28.6%和30%。从技术领域看，计算机与通信技术产品出口额占高技术产品全部出口的80%，这是形成贸易顺差的重点领域。

全面推进国家高新区“二次创业”，创新资源向国家高新区聚集，国家高新区继续保持快速发展的势头。根据对54个国家高新区的统计，2007年高新区工业总产值达到了44 376.9亿元，同比增长23.6%；工业增加值达到10 715.4亿元，同比增长25.8%，上缴税额2 614.1亿元，出口创汇1 728.1亿美元。国家高新区在保持经济高速增长的同时，大力促进节能降耗和发展循环经济。国家高新区平均万元GDP能耗0.506吨标准煤，仅为全国平均水平的40%。国家高新区的发展，为调整经济结构、转变经济发展方式、实现经济社会又好又快发展起到了样板和标志作用。

中国技术市场交易日趋活跃，技术交易总量增势显著，继续保持良好发展势头。技术合同成交金额再创历史新高，2007年全年认定登记的技术合同共计220 868项，同比增长7%；成交总金额2 226亿元，同比增长22%。平均每份技术合同成交金额突破百万大关，达到101万元，同比增长15%。其中，技术开发合同成交总量继续保持平稳上升势头，成交金额仍稳居四类合同之首，占39.4%。在全国技术市场成交合同中，涉及技术秘密、计算机软件、专利、集成电路、生物医药、动植物新品种等各类知识产权的技术合同，占全国成交总项数的49.7%。从技术交易的主体来看，企业仍是技术交易的最大输出和吸纳方，位居各类技术交易主体之首。企业输出技术合同项目占全国成交总金额的比例较上年进一步增长，达到86.4%；企业购买技术金额较上年增长20%，占全国成交总额的82.2%。

第三节 国家科技重大专项稳步推进

《规划纲要》所确定的16个国家科技重大专项，是为实现国家目标，通过核心技术突破和资源集成，在一定时限内完成的重大战略产品、共性关键技术和重大工程，是我国科技发展的重中之重。党中央、国务院高度重视重大专项的组织实施工作。在国务院的统一领导和部署下，科技部会同国家发改委、财政部等部门，会同各专项领导小组积极推动重大专项各项工作全面展开。

一、精心组织，科学编制和论证专项实施方案

2007年，重大专项工作的主要任务是制定科学完善的实施方案。重大专项实施方案由各专项

领导小组负责组织编写，科技部、国家发改委、财政部组织论证，修改完善后由国务院审批。

为了指导和规范重大专项实施方案编制和论证工作，科技部、国家发改委、财政部研究提出了《关于科技重大专项实施方案编制和论证的有关要求》、《关于进一步加强科技重大专项概（预）算编制工作的若干意见》和《重大专项论证程序和规范》等一系列指导性文件。

各专项领导小组组织专家深入研讨和调研，多方听取意见，认真开展实施方案的研究与编制工作，共有近400多名专家作为编写组成员直接参与了方案的研究编制工作，召开了各种类型的研讨会、座谈会300多次，上千名专家参加了咨询工作，切实保证了实施方案编制的水平和质量。

为了科学组织论证，科技部等部门精心遴选专家，组建了权威、公正、组成结构合理的论证委员会。每个专项的论证委员会由30人左右组成，包括部门、地方、企业等方面的代表，其中，金融、经济、管理方面的专家约占30%。以产业为目标的专项，企业专家的比例约占30%，应用性较强的专项，邀请用户代表参加。200多位高水平专家参加了论证工作，保证了决策的科学化、民主化。

科技部会同国家发改委、财政部认真组织，全程参与和跟踪论证工作，全力做好支撑服务。各专项提交实施方案论证申请后，三部门进行了认真的审核。论证工作正式启动后，三部门领导共同出席会议，向论证委员会成员颁发聘书，并对论证工作提出了总体部署和要求。三部门还组建了由有关司局负责同志参加的论证秘书组，全力配合搞好论证工作。为加强统筹衔接，三部门还就“十五”以来与专项有关的组织实施情况，向论证委员会分别进行专题报告。科技部组织力量，对专项检测评估及有关实施管理问题进行认真研究，并专门向论证委员会作了报告。财政部安排有关人员跟踪了解各专项的论证工作，积极为专项年度预算审批做准备。

各专项的论证工作一般历时1～2个月，分为一般性论证、调研考察、深入论证和形成论证意见4个阶段。各位专家本着对国家和历史负责的态度，对实施方案进行了深入论证，提出了富有建设性的修改意见。论证过程中，论证委员会与方案编制组有效互动，边论证边修改，不但保证了论证质量和效果，还提高了工作效率。通过论证并修改完善的专项实施方案提交国务院审议。

二、总体进展和专项任务部署

2007年，重大专项工作取得重要进展，大部分专项完成了实施方案的编制和论证工作，大型飞机等4个专项实施方案通过了国务院常务会议审议。载人航天与探月工程重大专项一期工程顺利实施，2007年10月24日，长征运载火箭搭载“嫦娥一号”探月卫星顺利升空，11月26日成功传回第一幅照片，工程圆满成功，二期工程方案正在抓紧制订。

◎ 大型飞机重大专项

2007年2月26日温家宝总理主持召开国务院常务会议，听取大型飞机重大专项领导小组关于大型飞机方案论证工作汇报，原则批准大型飞机研制重大科技专项正式立项，同意组建大型客机股份公司，尽快开展工作。

国务院常务会议指出，实施研制大型飞机的重大科技专项是一项复杂的系统工程。必须充分认识这项任务的艰巨性，充分估计可能遇到的困难和风险，以百折不挠的决心和意志，坚持不懈地努力，完成这一光荣的历史使命。一要加强组织领导，集中力量，合力攻关。各方面要牢固树立全局观念，大力协同、密切配合，各种资源统筹安排、合理整合。二要坚持高标准、高水平、高质量，在研制、生产和服务的全过程确保飞机的安全性和经济性，提高产品的国际竞争力。三要坚持以我为主，积极开展国际合作，通过自主创新、集成创新和引进消化吸收再创新，突破关键技术。四要统筹协调大型客机与大型运输机的研制，做到分工合作，成果共享，避免重复建设，提高投资效益。五要坚持体制机制创新，遵循科学规律和经济规律，面向国内外市场，引入竞争机制，创新管理经营模式。六要充分利用我国航空工业的现有基础，调动地方、企业的积极性，特别要发挥科研人员的积极性，培养、吸引、凝聚大批优秀科技人才，为大型飞机研制建功立业。

图1-2　2007年，中国首架拥有自主知识产权新支线喷气客机——ARJ21总装下线，标志着中国向大飞机制造迈出了坚实的一步

12月30日，温家宝总理还专程前往西安飞机工业(集团)有限责任公司等单位考察，勉励科技工作人员要下决心把大飞机搞上去。温总理强调，中国人要用自己的双手和智慧制造出在世界上有竞争力的大飞机。要实现批量生产，并且达到安全、经济、舒适这三项重要目标，在国内、国际市场上有竞争力。要突破相关关键技术，特别是发动机、材料和电子设备。

◎ 新一代宽带无线移动通信网、水体污染控制与治理和重大新药创制三个重大专项

国务院总理温家宝2007年12月26日主持召开国务院常务会议，审议并原则通过新一代宽带无线移动通信网、水体污染控制与治理和重大新药创制三个国家科技重大专项实施方案。会议指

出，经过科学、民主、严格的论证，新一代宽带无线移动通信网、水体污染控制与治理和重大新药创制三个重大专项的实施方案已基本成熟，具备了启动实施的条件。

新一代宽带无线移动通信代表了信息技术的主要发展方向，实施这一专项将大大提升我国无线移动通信的综合竞争实力和创新能力，推动我国移动通信技术和产业向世界先进水平跨越。“十一五”期间，该专项将研制具有海量通信能力的新一代宽带蜂窝移动通信系统、低成本广泛覆盖的宽带无线通信接入系统、近短距离无线互联系统与传感器网络，掌握关键技术，显著提高我国在国际主流技术标准所涉及的知识产权占有比例，推动科技成果的商业应用。

水体污染控制与治理重大专项将重点围绕“三河、三湖、一江、一库”，集中攻克一批节能减排迫切需要解决的水污染防治关键技术，为实现节能减排目标和改善重点流域水环境质量提供有力支撑。“十一五”期间，该专项将选择不同类典型流域，开展流域水生态功能区划，研究流域水污染控制、湖泊富营养化繁殖和水环境生态修复关键技术，突破饮用水源保护和饮用水深度处理及输送技术，开发安全饮用水保障集成技术和水质水量优化调配技术，建立适合国情的水体污染检测、控制与水环境质量改善技术体系。

重大新药创制专项将重点针对重大疾病的防治，研制一批具有自主知识产权的创新药物，为群众提供安全、有效、廉价的医药产品。“十一五”期间，该专项将重点研究化学药和生物药新靶标识别和确证、新药设计，以及药物大规模高效筛选、药效与安全性评价、制备合成药性预测关键技术，开发疗效可靠、质量稳定的中药新药，研制30～40个具有知识产权和市场竞争力的新药，完善新药创制与中药现代化技术平台，初步形成支撑我国药业发展的新药创制技术体系。

国务院会议要求，各有关部门要进一步完善这三个专项的实施方案，抓紧组织实施。要切实加强领导，建立有效的组织管理体系；完善政策体系和激励机制，建立以企业为主体、市场为导向、产学研相结合的技术创新体系；统筹和优化科技资源配置，集中力量突破核心技术和关键技术；营造良好的创新环境，吸引优秀人才参与重大专项实施；创新管理机制，建立有效的监督评估制度和动态调整制度，确保重大专项顺利实施。

◎ 其他重大专项

先进压水堆及高温气冷堆核电站，核心电子器件、高端通用芯片及基础软件产品，极大规模集成电路制造装备及成套工艺3个专项已经完成方案编制和综合论证。

大型油气田及煤层气开发、转基因生物新品种培育、艾滋病和病毒性肝炎等重大传染病防治3个专项的实施方案编制完成，综合论证工作已经启动。

高档数控机床与基础制造装备、高分辨率对地观测系统2个专项的实施方案已经基本编制完成。

第四节
科技支撑经济社会又好又快发展

2007年，科技工作面向经济建设主战场，关注民生和社会发展，着力解决制约经济社会发展和关系民生的重大问题，涌现出一大批重大科技成果，科技支撑能力显著提升。

一、突破产业发展关键技术

“十一五”科技计划项目取得重要进展，一批产业关键技术得以突破，产业自主创新能力得到提升。TD-SCDMA成立了产业联盟并形成完整产业链，规模应用实验顺利完成，并为北京奥运会提供3G服务。新一代可循环钢铁流程工艺技术实现中国钢铁生产流程的产品制造、能源转换和废弃物消纳处理3大功能。首创铝土矿浮选脱硅技术，使中国铝资源的经济利用保证年限有望由10年提高到60年、中低品位铝土矿生产氧化铝的能耗降低50%。装备制造产业取得重大突破，1.6万吨水压机研制成功，大型国产水电锻件在三峡右岸实现应用。近钻头地质导向钻井系统和1.2万米钻机的成功研制，是中国油气勘探开发装备的重大突破。节能与新能源汽车研发进展顺利，自主研发的中国首款量产混合动力轿车下线并已批量生产。EPA标准被国际电工委员会正式接受为实时以太网国际标准，成为首个由中国主持并制定的工业自动化国际标准。“科技奥运”成绩显著，一批新能源、节能减排以及智能交通新技术、新设施和新产品在奥运场区、场馆投入运营，成为向全世界展示“绿色奥运、科技奥运、人文奥运”精神的亮点。

二、支撑社会主义新农村建设

加强农业和农村科技创新，在农业新品种、农产品深加工和农业防灾减灾等方面取得重要进展，有力地支撑社会主义新农村建设。

◎ 加强农业领域科技创新

通过实施粮食丰产科技工程、节水农业、农业基因资源发掘与种质创新利用研究、农林动植物育种工程等重大重点项目，集成创新了一批粮食丰产共性关键技术，培育出了杂交水稻、杂交玉米等一批新品种，主要农作物良种覆盖率达到95%以上。以农业技术装备数字化、智能化、低耗化为突破口，启动实施了多功能农业装备与设施研制重大科技项目。启动实施了以禽流感、口蹄疫、猪蓝耳病为重点的重大动物疫病防控，食品加工和农产品物流等项目，有力地促进了畜牧业健康、可持续发展，有效拓展了农业科技领域。

◎ **加强农村社区科技开发**

着眼于健康、优美的村镇居住环境建设，针对农村新能源开发与节能关键技术、农村生态环境整治、新型乡村经济建筑材料、饮用水处理技术与设备的研制开发，组织实施了一批重点项目。

◎ **加强多元化、社会化农村科技服务体系建设**

大力推广科技特派员、农业专家大院等新型农村科技服务模式。目前，全国1 000多个县的科技特派员数量达4.5万名，直接服务近4万个村的900多万农民。

◎ **加强县（市）科技工作**

继续开展科技富民强县专项行动，加快了农业科技成果转化和农村先进适用技术推广应用，培育了一批区域特色优势产业。

三、狠抓节能减排促进发展方式转变

面向国民经济和社会发展重大需求，科技部门积极推动节能减排科技工作，解决制约国民经济发展的重大瓶颈，支撑资源节约型社会建设。在国务院的总体要求下，科技部提出了《节能减排科技专项行动方案》。按照"科技促进节能、科技推动减排"的总体思路，"十一五"期间将重点围绕高耗能、高污染行业，建筑、交通及民用产品，新能源与可再生能源，重点污染物减排控制与综合治理，清洁生产与循环经济等方面，组织推广100项左右的成熟节能减排技术，实施20项重大集成应用示范工程，攻克200项左右的节能减排关键技术和共性技术，建设和完善节能减排方面的50个国家工程技术研究中心、30个国家重点实验室等。目前，围绕工业、建筑与交通节能、可再生能源、水污染与大气污染控制、废弃物处置与资源化、重点行业节水与减排、清洁生产与循环经济等方面实施了一批重大项目和示范工程，强化环境管理支撑技术研究。科技部会同国家发改委、中共中央宣传部等于2007年9月联合发布了《节能减排全民科技行动方案》，出版了《全民节能减排应用手册》，开展了系列节能减排科技宣传活动，普及节能减排科学技术，提升全民节能减排意识和能力。

四、关注民生促进社会和谐发展

为加强社会领域的科技进步与创新，科技部门进一步推进社会公益技术研究：面向资源节约型和环境友好型社会建设，在资源勘察、水资源优化调控、重大自然灾害防御等方面进行了重点部署；针对公共卫生和公共安全领域，组织开展中医药创新发展科技专项行动、重大出生缺陷筛查和遗传病防治、常见疾病治疗和人禽流感防治药物和疫苗、安全生产检测检验、物证信息挖掘等，以提升人口健康、公共安全等社会公益领域的科技服务能力，促进经济与社会的协调、人与自然的和谐发展。

第五节
科技工作新进展

2007年，科技体制改革进一步深化，初步形成适应社会主义市场经济的新型科技体制，以科技进步法为核心的科技法律法规不断完善，国家创新体系建设进展顺利，科技宏观管理逐步加强，地方和行业科技工作喜人，国际科技合作层次提高，科普事业稳步推进。

一、颁布修订后的《科技进步法》

修订后的《中华人民共和国科学技术进步法》（简称《科技进步法》）经十届全国人大常委会第三十一次会议于2007年12月29日审议通过。《科技进步法》的修订是中国科技界的一件大事，有力地促进了中国激励自主创新政策体系的形成和完善，为建设创新型国家提供了法律保障。

《科技进步法》修订的总体思路：一是进一步明确新时期中国科技发展战略和基本方针、政策，把中国科技进步工作长期以来积累的成功经验，尤其是将2006年全国科技大会以来国家出台的需要长期稳定地促进科技进步的一系列政策上升为法律，为新时期推进各项科技工作提供重要的行动指南；二是坚持体制、机制和制度创新，明确各级政府及其有关部门在科技进步中的责任，建立责任明确、运转协调的科技体制，建立和完善整合科技资源制度；三是新增“企业技术进步”专章，通过制度确立企业技术创新主体地位，建立以企业为主体、以市场为导向、产学研相结合的技术创新体系，对不同类型的企业规定了相应的扶持措施；四是发挥科技人员的自主性、积极性、创造性，鼓励科技人员自由探索。一方面保留了原法中规范学术活动的内容，加大力度禁止科技人员弄虚作假。另一方面又承认科学活动的高风险性，对有原因的科研失败给予宽容，着力营造能够自由探索的学术环境。

二、完善自主创新的法制与政策

按照国务院的部署，有关部门继续抓紧研究制定《规划纲要》配套政策实施细则，截至2007年底，已有70多条实施细则出台。这些实施细则内容涉及税收、金融、政府采购、科技人才队伍建设、教育与科普、科技创新基地与平台、军民结合等各个方面，有力地促进了中国激励自主创新政策体系的形成和完善。如在税收政策方面，有关鼓励企业加大研发投入、鼓励社会资金捐赠科技创新等实施细则已经出台。在金融政策方面，有关政策性银行、商业银行、保险行业支持科技创新、加强对高新技术企业金融服务的实施细则已经出台。在加强科技人才队伍建设方面，有关企业实行自主创新激励分配制度、加强引进海外优秀人才等实施细则已经出台。在加强科技创新基地建设方面，有关加大对公益科研机构稳定支持、依托企业和转制院所建设国家重点实验室等细则已经出台。科技部正在组织开展对配套政策及其实施细则落实情况的跟踪调研，根据政策落实中出现的新情况和问题，提出改进和完善的建议，确保配套政策及实施细则的落实。

三、推进国家创新体系建设

着力加强以企业为主体、产学研紧密结合的技术创新体系建设，国家创新体系建设逐步完善。为加强以企业为主体、市场为导向、产学研结合的技术创新体系建设，深入推进“技术创新引导工程”，在首批创新型企业试点的基础上，又选择了184家企业开展第二批试点工作，试点企业数量达到287家。依托国家“十一五”科技计划重大项目，围绕提升产业技术创新能力和行业竞争力，开展了产业技术创新战略联盟试点工作。“十一五”首批启动的支撑计划95%以上的项目有企业参与，由企业作为牵头承担单位的课题占到了1/3；863计划项目的课题依托单位中，企业占27%，产学研结合的课题占36%。依托转制院所和企业建设了36个国家重点实验室，充分发挥其在自主创新和行业科技进步中的引领作用。

继续深化公益类科研院所的改革。为积极推动部门所属的社会公益类科研院所落实改革方案，科技部与相关部门协调改革中的有关政策问题，包括转制院所和科研事业单位免征进口仪器关税的政策、转制院所离退休人员待遇、改进对转制院所及国家重点实验室的考核管理办法等。为了落实《规划纲要》配套政策，增强公益类院所科技创新与公益服务能力，科技部会同有关部门联合发布了《关于加大对公益类科研机构稳定支持的若干意见》，开展了公益类院所创新绩效评价体系试点。

四、加强科技管理体制改革

◎ 转变政府职能，加强宏观管理和协调

根据“十一五”计划管理改革的思路，863计划、支撑计划加大对企业技术创新的支持力度，对于具有明确目标产品或面向产业发展的项目课题，要求由企业牵头或必须有企业参与。加强统筹协调，建立部际联席会议制度和部省会商制度，进一步优化科技资源配置，避免重复。在科技计划管理中充分发挥部门（行业）以及地方的作用。截至2007年，“十一五”支撑计划由部门组

织共计186项，占总比例46%；地方组织项目共计184项，占总比例45%。

◎ 突出以人为本，统筹项目、人才和基地

各计划把人才队伍和基地建设作为立项、论证和考核评价的重要内容，更加注重创新基地的建设，促进项目、人才、基地的结合，特别突出对中青年科技人才的支持。截至2007年，“十一五”立项的课题中，45岁以下的中青年课题负责人所占的比例，在863计划中达到67.2%，支撑计划中达到50.8%，人才队伍已经形成比较合理的梯队结构，越来越多的中青年科技人才已经在科研工作中扮演领军人的角色。

◎ 改革立项办法，提高计划管理透明度

加强推进科技计划管理信息化，建立统一的国家科技计划管理信息系统，构建网上科技计划管理“一站式”服务体系，全面实行网上申报管理，逐步实行网上评审，改革和完善专家机制，加大竞争性项目的招投标力度，实行立项决策和评审咨询相互分离，建立公告公示制度，使立项程序公开、公正、透明，确保项目申请者机会均等，评审标准一致。国家科技计划专家库建设取得进展，入库专家达3.6万人，提高了立项决策和项目组织实施的科学性。

◎ 加强监督制约，建立健全管理责任制

根据《关于加强科技部科技计划管理和健全监督制约机制的意见》，实行计划管理分层责任制，建立咨询、决策、实施、监督相互独立、相互制约的管理体制。充分发挥审计、监察部门在科技计划项目管理中的监督制约作用。引入第三方评估监理机制，建立问责问效机制。完善信用监督体系建设。

◎ 强化经费监管，实行全过程预算管理

科技部积极推进科技经费预算管理改革，制定经费管理办法等10余项规章制度，建立以预算管理为核心的经费监管新机制，实行事前预算评估、事中经费监督和财务检查、事后财务验收和审计的全过程预算管理，加强绩效考评。目前，国家主体科技计划全面实行了项目（课题）经费的概预算管理，课题预算全部委托独立的第三方实施评估评审，提高项目课题经费分配的科学性。同时，为加强科技经费监管工作，科技部出台了《国家科技计划和专项经费监督管理暂行办法》，建立专门的科技经费监管机构，启动科技经费巡视检查工作，探索科技经费监管新机制，并会同财政部对863计划、973计划等7个科技计划和专项的1 100余项课题进行了经费审计和整改工作，以提高财政资金使用效益。

◎ 继续推进科技评价和奖励改革

科技部研究制定有关科技成果评价的政策，完善奖励管理和评审机制，加强对科学理论、技术原理和技术方法等原始性创新的奖励，突出对尖子人才和青年创新人才的奖励。鼓励全国性学

术团体、有关组织和个人设立面向特定领域的科技奖项。进一步完善社会力量设奖的信息化管理系统建设，参照《ISO 9001 国家科学技术奖励质量管理体系》的要求，引入相关管理机制，不断提高服务质量和管理水平。

加强诚信建设，防治学术腐败和浮躁

积极开展科研诚信方面的宣传教育工作，增强科研人员诚实守信、尊重科研工作规则的意识。科技部施行《国家科技计划实施中科研不端行为处理办法（试行）》，防治学术腐败、浮躁等现象，使惩治不端行为制度化、法制化。科技部会同教育部、财政部、人事部、卫生部、中科院等单位组成科研诚信部际联席会议，成立了科研诚信建设工作专家咨询委员会，形成各方面力量共同推进科研诚信的局面。

五、加强区域与行业科技工作

进一步加强区域科技创新体系建设，增强区域科技创新能力。一是启动实施了“一把手”工程，将党委政府最关心的区域发展重大问题纳入国家支撑计划，中央财政投入40亿元，带动地方和企业投入近200亿元，实现了科技资源的集成。二是继续推进部省会商工作，制定了部省会商工作管理办法，进一步规范部省会商工作。目前科技部已经与17个省（自治区、直辖市）建立了部省会商制度，重视发挥地方科技部门的组织协调作用。三是在基础性工作中加强与地方的合作。新建了9个省部共建实验室培育基地，实施科技管理培训专项工作，举办了40多期培训班，培训地县党政领导、各级科技干部6 000多人次。开展了长三角地区、泛珠三角区域以及滨海新区科技发展战略的调查研究，召开了全国科技援藏经验交流会议、全国科技支疆行动启动会议。

加强行业科技工作也有了新的进展。一是科技部和财政部达成共识，在国家财政科技经费中设立行业科技专项，进一步加大了对行业科技进步的支持力度。二是高度重视行业科技需求，积极发挥行业部门在科技计划项目过程管理中的组织协调作用。三是重点开展了面向行业的产业技术创新战略联盟试点工作，组建了钢铁可循环流程、新一代煤（能源）化工产业、煤炭开发利用和农业装备等技术创新战略联盟。四是在信息交流、计划协调、预算协调、重大项目组织方面，探索建立部门沟通协调机制。

六、推动国际科技合作

国际科技合作紧密围绕国家总体外交战略和科技发展目标，以增强国家自主创新能力和提高国家科技竞争力为中心，营造更加开放的对外科技合作环境，提升合作层次，积极开展全方位国际科技合作。

◎ **积极应对气候变化**

把应对气候变化和节能减排作为当前国际科技合作一项重要内容，全面参与中国应对气候变化内外政策制定和国际谈判。先后与国际性组织及各国合作启动了实现联合国千年发展目标的清洁发展机制项目开发、中欧碳捕获与封存、中英燃煤发电近零排放、中国农业部门适应气候变化研究、中日适应气候变化技术、中荷清洁发展机制能力建设等一批国际合作项目。

◎ **实施和参与国际重大科技计划**

中国参与了国际热核聚变实验反应堆（ITER）、伽利略全球卫星导航、国际对地观测、地球空间双星探测等多个国际多边大科学计划和工程。牵头实施了“中医药国际科技合作计划”，这是第一个由中国政府倡议制定的国际大科学工程研究计划。科技部联合国家发改委启动“可再生能源和新能源国际科技合作计划”，提高中国可再生能源与新能源的科研水平。2007年8月30日，十届全国人大第29次常委会批准通过了《国际热核聚变实验反应堆（ITER）合作组织协定》及《ITER特豁协定》，完成了中国加入ITER计划的法律程序。

◎ **积极推进政府间的科技合作**

截至2007年底，中国已与世界上96个国家和地区签订了102个政府间科技合作协议或政府间经济、技术合作协议，形成了较为完整的政府间科技合作框架。2007年，科技部积极参与中美战略经济对话，牵头组织开展“中俄国家年”科技组活动、中欧科技年等大型科技合作与交流活动。启动了“中欧科技合作伙伴计划”。与美国、俄罗斯、日本、加拿大、韩国以及拉美等国家和地区的科技合作取得实质性进展。国际科技合作已经成为国家外交工作的重点内容，服务国家外交的作用日益显现。

七、推进科普事业

2007年，政府相继出台了一系列推进科普事业发展的政策规划，开展了多个科普活动，进一步完善了中国科普能力建设。科技部会同中宣部、国家发改委、教育部等8个部门和单位联合下发了《关于加强国家科普能力建设的若干意见》。多个部门还出台了多项具体的政策，贯彻落实《全民科学素质行动计划纲要》。这一系列重要的科普政策，加强了科普工作的制度化建设，为促进科普事业的进一步发展奠定了坚实的基础。各部门积极探索，开展形式多样的科普活动。“携手建设创新型国家”的科技活动周、“节约能源资源、保护生态环境、保障安全健康”的全国科普日以及针对农村、社区、青少年等的特色科普活动，进一步提高了公众对科学技术的理解。

国家创新体系与制度建设

2007年，国家出台了一系列促进自主创新的《规划纲要》配套政策的相关实施细则，修订了《科技进步法》；继续实施技术创新引导工程，推进以企业为主体、市场为导向、产学研相结合的技术创新体系建设；高校、科研院所的创新能力不断提高；国防科技工业体制改革不断深化，进一步加强了军民结合的国防科技创新体系建设；科技中介服务能力不断提高，国家创新体系建设得到进一步完善。

第一节 科技政策与法律法规

构建促进科技创新的法律法规体系，是落实《规划纲要》，进一步提升中国自主创新能力的制度基础。修订《科技进步法》，颁布《中华人民共和国企业所得税法》，为提高中国的自主创新能力，建设创新型国家提供了良好的法律环境。

一、《科技进步法》

《中华人民共和国科学技术进步法》由十届全国人大常委会第三十一次会议于2007年12月29日修订通过，胡锦涛主席签署第八十二号主席令予以发布。修订后的《科技进步法》于2008年7月1日起施行。

修订后的《科技进步法》在保留已有的支持基础研究、高技术研究和高技术产业化、农业技术研究开发和推广、保障科技人员合法权益、提高研究开发机构运行效率的基础上，充分吸收了中国科技发展和改革的成功经验，针对当前制约科技进步的问题，结合新时期加强自主创新、建设创新型国家的需要，进行了一系列体制、机制和制度方面的创新。主要包括以下内容：

◎ **明确了新时期国家科技发展和全社会科技进步的目标、方针和战略**

把提高自主创新能力、建设创新型国家写入法律，强调“国家坚持科学发展观，实行科教兴国战略”。对新时期科学技术发展做出全面规定，既强调科学技术自身的持续发展，也强调科技对经济、社会发展的支撑和引领作用；既规定了政府在科技工作中的责任，也规定了企业、研究开发机构、高等学校、科学技术团体等各类组织和科学技术人员的权利和义务。

◎ 明确了政府在推进科技进步中的职责

修订后的《科技进步法》进一步明确了政府财政性资金重点投入到科学技术基础条件与设施建设、基础研究、对经济建设和社会发展至关重要的前沿技术研究、社会公益性技术研究和重大共性关键技术研究、农业新品种和新技术的研究开发及应用推广、重大共性关键技术应用和高新技术产业化示范、科学技术普及等领域。同时，对市场化的科技创新活动采取税收扶持、金融支持、科技奖励、发展科技中介服务体系等间接扶持和引导措施。

◎ 突出了企业技术创新主体地位，明确国家创新体系建设目标

对国家创新体系建设的目标和任务做了全面规定，并新增“企业技术进步”一章，把建立企业为主体、产学研结合的技术创新体系作为国家创新体系建设的突破口。具体规定了国家对企业技术创新的税收优惠，提出了产学研结合的渠道和扶持措施，明确了对中小型企业科技创新的扶持，规定了国有企业负责人推进自主创新的责任。进一步规定了财政性资金资助的科学技术研究开发机构建立现代院所制度的改革和发展目标，对科技中介服务机构、社会力量举办的科研机构提出了相应的扶持措施。

◎ 强化了对科技创新主体的激励措施

一是明确了利用财政性资金设立的科学技术基金项目或者科学技术计划项目的知识产权归属，即上述基金和计划项目所形成的发明专利权、计算机软件著作权、集成电路布图设计专有权和植物新品种权，除涉及国家安全、国家利益和重大社会公共利益外，授权项目承担者依法取得。二是明确了对自主创新产品通过政府采购予以扶持，对首次投放市场的自主创新产品或尚待研究开发的政府采购产品，政府予以首购或订购。三是在加强科研诚信建设的同时，建立鼓励探索、宽容失败的制度，即对于探索性强、风险高的科学技术研究开发项目，原始记录能够证明承担研发科学技术人员已经履行了勤勉尽责义务仍不能完成该项目的，不影响对该科技人员的评价。

◎ 强调公共科技资源的社会共享

国务院科学技术行政部门应当会同国务院有关主管部门，建立科学技术研究基地、科学仪器设备和科学技术文献、科学技术数据、科学技术自然资源、科学技术普及资源等科学技术资源的信息系统，及时向社会公布科学技术资源的分布、使用情况；对以财政性资金为主购置的大型科学仪器设备实行联合评议制度，从源头上杜绝重复购置。同时，对科学技术资源管理单位、财政

性资金设立的科研机构的资源开放共享义务做了规定。

二、科技相关法规

◎《中华人民共和国企业所得税法》

《中华人民共和国企业所得税法》由十届全国人大第五次会议于2007年3月16日通过，自2008年1月1日起施行。

中国自1993年起形成了分别适用于内外资企业的所得税制度，内资企业适用《企业所得税暂行条例》，外资企业适用《外商投资企业和外国企业所得税法》。这两套法律的最大区别，是在税率优惠、税前抵扣等方面，对外资有很多优惠，导致内外资企业的所得税负担不一。

《中华人民共和国企业所得税法》统一了内外资税率。无论是内资还是外资，基准税率都是25%。同时为了鼓励高新技术企业发展，对所有高新技术企业实行15%的税率。高新技术企业的认定，由国务院另行规定。

◎ 地方科技法规

2007年，地方围绕贯彻落实《规划纲要》精神，制定具有地方特色的科技法规和规章，以鼓励自主创新。

上海、深圳、珠海和济南等地方分别制定和修改了各自的科学技术奖励规定，一是大幅提高奖励经费和奖励金额；二是调整了奖励对象，从奖励项目，改为项目、团队和人才相结合的全方位奖励；三是完善科技奖励的评审工作程序，如深圳取消了推荐环节，实行自由申报；四是鼓励社会力量设奖，如深圳，经政府登记备案的社会力量设奖，可申请一定比例的财政资金支持。贵州省制定了《贵州省高新技术产业发展条例》，规定政府设立高新技术产业发展专项资金，支持高新技术企业发展，同时要求高新技术企业应当提取不少于当年销售收入5%的技术开发费，用于企业技术创新。

三、《配套政策》实施细则

2006年2月，国务院发布了《〈国家中长期科学和技术发展规划纲要（2006—2020年）〉若干配套政策》（以下简称《配套政策》），同年4月，在国务院的统一领导下，科技部、国家发改委、财政部等16个部门分别牵头制定《配套政策》的实施细则。截至2007年底已完成并发布了70多项实施细则。

《配套政策》共包括10个部分60条政策。实施细则与《配套政策》中各项政策相对应，涉及科技投入、税收激励等10个方面。在科技投入方面，已经出台的实施细则包括改进和加强财政科

图 2-1 郑煤集团煤炭综合采掘支护设备液压支架生产线

技经费管理、科技计划经费绩效考核、科技计划经费管理办法等。在税收激励方面，已经出台的实施细则包括鼓励企业加大研发投入、鼓励社会资金捐赠科技创新、支持科技企业孵化器和大学科技园发展、鼓励创业风险投资机构投资于中小高新技术企业等。在金融支持方面，已经出台的实施细则包括政策性银行、商业银行、保险行业支持科技创新和加强对高新技术企业金融服务等。在政府采购方面，已经出台的实施细则包括自主创新产品认定办法、支持自主创新的政府采购预算管理办法、政府采购评审办法、政府采购合同管理办法等。在知识产权方面，已经出台的实施细则包括科技计划支持技术标准研究、建立知识产权信息服务平台等。在人才队伍建设方面，已经出台的实施细则包括企业实行自主创新激励分配制度、在重大项目实施中加强创新人才培养、科研事业单位收入分配制度改革、加强引进海外优秀人才等。在教育与科普方面，已经出台的实施细则包括国家重点学科建设、研究型大学建设、加强国家科普能力建设等。在科技创新基地方面，已经出台的实施细则包括国家工程实验室建设、依托企业建立国家重点实验室、促进高新区发展等。在军民结合方面，已经出台的实施细则包括非公经济参与国防科技工业建设、推进民用技术向军用转移等。在引进消化吸收再创新方面，已经出台的实施细则包括加强对技术引进和消化吸收再创新的管理、制定鼓励引进技术目录等。

《配套政策》和实施细则突出体现了支持企业技术创新，提高自主创新能力的导向。《配套政策》和实施细则把激励企业成为技术创新主体作为核心目标和重点内容，主要体现在：一是《配套政策》实施细则中，有2/3与企业技术创新相关；二是企业技术开发费用加计扣除、依托企业建立国家重点实验室、建立自主创新产品政府首购、订购制度等政策都较以前有所突破；三是支持范围包括研究开发、成果转化和产业化、科技中介服务等科技创新的整个链条；四是支持产学研结合，促进行业共性关键技术研究开发与推广应用。科技部制定了《关于依托转制院所和企业建设国家重点实验室的指导意见》，在转制科研机构和企业建立了首批36家国家重点实验室。科技部、财政部与中编办联合印发了《关于加大对公益类科研机构稳定支持的若干意见》，强调在深化改革的基础上，加大对公益类院所的投入力度，建立现代院所制度，提高公益类科研机构的技术创新能力和公共服务能力。

激励技术创新的政策在地方得到落实。目前全国有31个省（自治区、直辖市），围绕落实《配套政策》制定出台了170多项地方政策。有些政策又有进一步的突破，比如在加大科技投入方面，河北省规定省级预算安排的科技投入增长幅度要高于当年财政经常性收入增长幅度2个百分点以上，广东省深圳市提出“十一五”期间全社会研究开发投入累计要达到1 000亿元。企业技术开发费用加计扣除政策已经在江苏省、上海市、浙江省和四川省开始实施。

第二节
以企业为主体、市场为导向、产学研相结合的技术创新体系

《规划纲要》明确提出，要建立以企业为主体、市场为导向、产学研相结合的技术创新体系。2007年，科技部及有关部委采取一系列措施，积极推进产学研结合，推动技术创新体系建设。

一、技术创新体系建设

2007年，科技部会同国资委、全国总工会继续实施“技术创新引导工程”，促进产学研结合，提高企业技术创新能力，加快以企业为主体，产学研结合的技术创新体系建设。

“技术创新引导工程”重点开展创新型企业试点、构建产业技术创新战略联盟、优化科技资源配置、加强企业研发机构建设、建立公共技术服务平台、激励职工建功立业等6项重点任务，经

过两年的实施已经取得明显的进展。

构建产业技术创新战略联盟

2006年12月，科技部联合财政部、教育部、国资委、全国总工会、国家开发银行成立推进产学研结合协调指导小组，共同推进产学研结合。六部门将构建产业技术创新战略联盟作为推进产学研结合的切入点。2007年6月，六部门联合启动了产业技术创新战略联盟试点工作，首批建立了钢铁循环流程、煤化工、农业装备、煤炭开发利用等4个联盟。首批4个联盟集成了53家重点企业、研究型大学和骨干科研机构的力量，将重点突破环境能源资源、节能减排和新农村建设等方面的共性和关键技术问题，为相关行业的科技进步提供支撑。

建立企业研发中心和国家重点实验室

企业研发机构是技术创新体系的重要组成部分，是企业自主创新的平台。2004年，在《规划纲要》制定过程中，科技部在部分企业开展了企业研发中心试点工作。2005年底，科技部认定了118家国家级企业研发中心。从2006年起，科技部与国家发改委、财政部、海关总署、税务总局共同开展国家认定企业技术中心工作。2007年9月，五部门公布第十四批国家认定企业技术中心名单，至此国家认定企业技术中心已达499家。

2006年12月，科技部发布《关于依托转制院所和企业建设国家重点实验室的指导意见》，启动了企业国家重点实验室建设工作。2007年7月，批准了首批36家企业国家重点实验室的建设申请。

改进科技计划管理，加强金融支持

“十一五”期间，国家科技管理部门将国家科技支撑计划、863计划的企业参与度和产学研联合实施机制作为项目的可行性论证和课题评审的重要评价指标。从创新型试点企业中遴选技术和管理专家进入国家科技计划专家库，进一步发挥企业专家在计划项目咨询、论证和评审中的作用。

2007年6月，国家开发银行和科技部印发《关于对创新型试点企业进行重点融资支持的通知》，旨在通过开发性金融合作支持企业增强自主创新能力，促进企业成为技术创新的主体。

二、转制院所创新能力建设

2007年对中央级转制科研院所的调查结果显示，大部分转制科研院所已基本建立起企业运行制度。2006年，85%以上的院所建立了企业会计制度和全员劳动合同制度，90%以上的院所进入了企业社会保障体系，在企业化转制的同时进行了改制，以产权多元化和规范法人治理结构为重点加快了现代企业制度建设。目前，中央级转制院所下属企业全面完成公司制改造，并有20多家企业成功上市。

随着用人机制的转变和自我发展能力的增强，转制科研院所吸引和稳定人才的能力逐步增强，近两年引进了很多高层次人才。在2006年引进的1.6万名人员中，具有硕士以上学位的人员有6 000多名。

2006年，248家中央级转制院所科技经费收入约150亿元，其中来自政府部委的纵向科技经费16.6亿元，比2000年增长了1倍；来自行业企业的横向科技收入达118亿元，是2000年的3倍多；从收益中自筹科研费用近10亿元。

2006年，248家转制科研机构完成科研项目4 938项，获得国家级奖励61项，申请专利2 864项，获发明专利授权1 021项，转让技术成果1 642个，受益企业达1.12万家，为行业企业科技进步提供了有力支撑。

2006年248家中央级转制院所实现总收入742亿元，实现利润48亿元，上交税金38亿元，均为2000年的3倍以上。其中有100多家总收入超过1亿元，有10多家收入超过20亿元。

第三节 高等学校与科研院所创新服务能力建设

2007年，高等学校加强了科技发展的基础设施建设，基础研究和高技术前沿领域新的突破和具有应用前景的成果不断涌现；中国科学院知识创新工程三期取得显著成效；社会公益类科研机构筹集的科技经费不断增加，涌现出许多重大科技成果。

一、高等学校

2007年，高等学校有R&D人员25.4万人年，占全国总量的14.6%，在R&D人员中科学家和工程师为24.8万人年，占97.6%。高等学校科技经费筹集额不断增长，专著、论文数和专利数等明显增长。

◎ 科技经费筹集额

2007年，高等学校共筹集科技经费612.7亿元，比上年增长16.0%。经费主要来自国家各类科技计划、国家自然科学基金及地方部门和企事业单位委托项目。其中政府资金345.4亿元、企业委托经费219.2亿元，分别比上年增长20%、11%。2007年，高等学校R&D经费支出额为314.7亿元，占全国总量的8.5%，承担R&D课题37.5万个。

◎ 科技成果及知识产权

2007年，全国高校共出版科技专著2 603部，在国外学术刊物上发表学术论文10.3万篇，签订技术转让合同6 908项，当年实现技术转让收入13.2亿元。2007年高等学校获得国内专利授权1.5万件，比上年增长41%。

2007年，高等学校获得国家自然科学奖26项，占获奖总数的66.7%；获得国家技术发明奖27项，占获奖总数的69.2%；获得国家科学技术进步奖114项，占获奖项目总数的59.49%。

图2-2 中山大学中山眼科中心取得干细胞研究新突破

◎ 创新平台建设

截至2007年，依托高等学校建设的国家重点实验室共有137个，占国家重点实验室总数的62%；依托高等学校建设的国家工程研究中心共45个，占国家工程研究中心总数的36%；依托高等学校建设的国家工程技术研究中心37个，占国家工程技术研究中心总数的27%。

截至2007年，教育部共建教育部重点实验室437个，其中省部共建教育部重点实验室156个，教育部工程研究中心171个，教育部战略研究基地4个。此外，高等学校还在整合资源的基础上探索新的科研组织形式，推动学科交叉和资源共享。

二、中国科学院知识创新工程

2007年，中国科学院继续调整科技布局，前瞻部署创新项目，推进科技创新基地和支撑平台建设，加强人才队伍建设，加强对外开放与合作，知识创新工程三期成效显著。

◎ 优化布局，建设创新基地

2007年，中国科学院继续深入推进科技布局调整，统筹协调和优化学科布局与区域布局，合理配置科技创新资源。大力加强前瞻布局，强化对未来发展有重要影响的优势领域方向的支持，布局对本学科领域或中国科学院战略重点领域未来发展可能有重要影响的新方向。

坚持以创新基地建设为重点，加快构建以研究所为点、以创新基地为阵的矩阵式网格化科技创新组织模式。继续推进部分研究所的调整整合，建设核心研究所，适时调整主要学科相对老化、学科面相对较窄、学科或区域特色不鲜明的研究所。完善研究所竞争发展的机制，建立将研究所绩效与直接核拨研究所经费适度挂钩的机制。建立并完善以研究所综合质量评估、创新能力定量监测和投入产出分析为主要内容的研究所评价机制。

探索科技创新与成果转移转化紧密衔接相互促进的机制与管理模式。加强与地方、企业的合作，共建研发组织、共同承担国家、企业的科技任务；加强与研究型大学的合作，加快共建青年科学家伙伴小组和联合实验室，前瞻部署一批发展迅速的前沿领域方向，加强人才交流互动，依托大学科学装置共建一批研究中心；加强与国防科技部门合作，共建研发组织；加强与国际科技界的合作，与国际一流研究机构建立长期稳定的战略合作伙伴关系。

◎ **部署战略研究，启动院所改革试点**

组织开展重点科技领域发展战略和路线图研究。着重研究关系全国未来长远发展的重点科技领域。在深入研讨的基础上，进行顶层设计，选定了若干重点研究领域，初步探索出科技路线图等战略研究与规划的新方法。

启动研究所综合配套改革试点工作。将中科院出台的科技布局调整、人力资源管理、体制机制改革等重大改革措施落实到研究所层面；发展研究所核心竞争力，凝练并提升创新目标，推进体制机制改革，建立科技布局自主调整、人才队伍动态优化、与国家创新体系各单元联合发展、资源配置与科技评价自觉适应发展要求的机制；探索建立适应不同类型研究所学科、区域特点和发展态势、发展要求的体制机制和发展模式，逐步建立现代科研院所制度和科学管理基础。

◎ **创新能力不断增强**

2007年，中科院科技产出数量与质量持续快速提升。申请专利4 424项，其中发明专利占88.3%；专利授权2 197项，其中发明专利占75.5%。在各学科影响因子位于前15%的学术期刊上发表的高质量论文总数比2006年增长13.6%。获得国家最高科技奖1项，自然科学二等奖13项，技术发明二等奖3项，科技进步奖14项。知识技术转移与成果转化使社会企业形成销售收入623亿元，利税102亿元。

三、非营利性科研机构创新能力建设

2007年科技部对100家非营利性科研机构的调查结果显示，非营利科研机构科技人才结构不断优化，改革配套经费投入力度加大，科技创新服务能力不断增强。

◎ **科技人才结构不断优化**

用人制度和收入分配制度的改革，增强了非营利性科研机构对科技人才的吸引力。2006年，

100家非营利科研机构共引进人才956名，比2005年增长7.7%，流出人才458名，比2005年减少9%，其中2006年引进硕士、博士600人，流出硕士、博士180人。

2006年，在100家非营利科研机构的科技人员中，获得硕士、博士学位的科技人员合计占43.43%，比2005年提高了3个百分点；40岁以下的科技人员占科技人员总数的47%。

◎ 改革配套经费投入力度加大

2006年，100家非营利科研机构总收入78.8亿元，比2005年增长了36.8%，其中"基本科研业务费"、"修缮购置专项经费"、"研究生培养补助经费"、"增拨离退休人员费"等改革配套费用增加了18.1亿元。

◎ 科技创新服务能力不断增强

2006年，100家非营利科研机构完成科研项目4 405项，获得国家级科技奖励32项，比2005年增长45.5%。发表论文9 458篇，比2005年增长13%。出版专著473本，比2005年增长36%。专利授权215件，比2005年增长5.4%，取得推动行业发展的科研成果381项，为决策服务的成果462项，分别比2005年增长33.2%、2.2%。

第四节 军民两用技术创新体系

党的十七大报告作出"调整改革国防科技工业体制"的决定，要求进一步深化国有企业公司制股份制改革，健全现代企业制度，增强国有经济的活力、控制力和影响力。2007年政府有关部门出台了一系列相关政策，推动国防科技工业体制改革，促进军民科技紧密结合，加强军民两用技术开发，促进军民结合、寓军于民的国防科技创新体系建设。

一、促进国防建设与经济建设两个能力相结合

2007年8月，国防科工委印发《关于进一步推进民用技术向军用转移的指导意见》，旨在进一步鼓励和支持民用技术为军品科研生产服务，促进国防建设和经济建设两个能力的结合。文件指出，国防科工委将牵头组织建立民技军用信息平台；逐步扩大武器装备科研生产许可证的发放范围，以吸收拥有先进民用技术的单位参加武器装备科研生产活动；进一步完善国防科技工业标准体系，在满足军用需求的前提下，武器装备研制生产尽可能采用先进成熟的民用标准；加强民技

军用的知识产权保护；为民技军用创造公平的政策环境；进一步完善武器装备科研生产招标制度，在不影响国家安全的前提下，逐步扩大武器装备科研生产及配套项目的招标比例，鼓励有技术优势的单位公平参与有关武器装备科研生产任务的竞争。

2007年11月，国防科工委在其印发的《国防重点实验室管理办法》中指出，国防重点实验室的建设主要依托国防科工委所属高校、共建院校、教育部所属高校以及军队院校。国防重点实验室是国防科技创新体系的重要组成部分，依托教育部所属院校建设国防重点实验室，将进一步加强军民结合国防创新体系建设。

二、吸收社会资本参加国防科技工业建设

2007年1月，国防科工委印发《关于大力发展国防科技工业民用产业的指导意见》，2月印发《关于非公有制经济参与国防科技工业建设的指导意见》，两个文件的发布旨在鼓励军工企业吸收社会资本开发军工民用产品，鼓励和引导非公有制经济参与国防科技工业建设。

《关于大力发展国防科技工业民用产业的指导意见》指出，鼓励各类社会资本通过收购、资产置换、合资等方式，进入军工民品企业，推动优质资源集中。以军工上市公司为平台，吸收社会资源，实现加速发展。利用军工集团的整体优势，发行企业债券，筹集产业发展资金。

《关于非公有经济参与国防科技工业建设的指导意见》指出，鼓励和引导非公有制企业参与军品科研生产任务的竞争和项目合作，鼓励和支持非公有制企业通过产学研结合等方式，参与国防科技创新活动；鼓励和引导非公有制企业参与军工企业改组改制；鼓励非公有制企业参与军民两用高技术开发及其产业化；完善配套政策，为非公有制经济参与国防科技工业建设创造良好政策环境。

2007年3月，国防科工委印发《深化国防投资体制改革的若干意见》，同年5月，国防科工委、国家发改委、国资委联合印发《关于推进军工企业股份制改革的指导意见》，文件指出，国防投资体制改革和军工企业股份制改造要以国防建设和国民经济发展需求为导向，坚持军民结合、寓军于民的方针，在确保国防安全的前提下，尽可能扩大社会对国防科技工业投资的领域。

第五节 科技中介服务体系建设

2007年，在各级政府引导资金和相关政策的支持下，科技中介机构的数量不断增长，为企业

技术创新提供服务的能力不断提高，已经成为国家创新体系的重要组成部分。

一、生产力促进中心

截至2007年底，全国生产力促进中心已发展到1 425家，数量居世界同类机构第一位，从业人员总数达1.9万人。2007年，全国生产力促进中心实现服务收入40.6亿元，服务企业总数达15万余家。为企业增加销售额1 299亿元、增加利税193.6亿元，为社会增加就业110.6万人，开展对外人员交流8.73万人次，引进项目2 150项，引进资金78.6亿元。截至2007年底，通过科技部绩效考核评价的国家级示范生产力促进中心有125家。

二、技术市场

2007年，全国认定登记的技术合同共计22.09万项，同比增长7%；成交总金额2 226.5亿元，同比增长22%。其中，技术开发合同成交金额876亿元，比上年增长22.2%，仍稳居四类合同之首，占39.4%。技术转让活动更为活跃，成交金额420亿元，增幅达30.8%，是“十五”以来增幅最大的一年，占全国成交总额的19%。技术服务和技术咨询合同成交金额分别为840亿元和90亿元，分别增长20.9%和5.9%。

2007年，在全国技术市场成交合同中，涉及技术秘密、计算机软件、专利、集成电路、生物医药、动植物新品种等各类知识产权的技术合同共计10.97万项，占全国成交总项数的49.7%；成交金额1 477亿元，占全国成交总额的66.4%，较上年增长23.5%。其中技术秘密和计算机软件著作权的技术交易成交额居第一位和第二位。

企业参与技术转移的能力进一步提高。2007年，企业输出技术合同项目13.59万项，输出技术交易额1 923亿元，较上年增长25.9%，占全国成交总金额的86.4%。企业购买技术16.93万项，较上年增长6.2%，成交金额1 829亿元，较上年增长20%，占全国成交总额的82.2%。

三、科技企业孵化器

2007年全国共有科技企业孵化器614家，数量仅次于美国，居世界第二位。被科技部批准为国家级孵化器的有197家，被财政部、国家税务总局审定在2008年度享有四项税收减免资格的孵化器有159家。

2007年，614家科技企业孵化器孵化企业4.48万家，科技创业人员93万余人；全国孵化器的孵化场地2 270万平方米，累计毕业企业超过2.3万家，企业毕业时的累计收入比初创时平均提高

图 2-3　西藏（成都）科技孵化器启动仪式在蓉举行

了近5倍，年收入过亿元的孵化器毕业企业达到600余家，上市企业60多家。

2007年4月，科技部颁布了《国家高新技术产业化及其环境建设（火炬）“十一五”发展纲要》和《国家高新技术产业开发区“十一五”发展规划纲要》。文件指出，要完善以专业孵化器和大学科技园为核心的创业孵化体系建设；鼓励高等学校、科研院所、企业等多元化主体创办各类专业孵化器。国家高新区要结合实际情况，制定支持科技企业孵化器发展的专项政策，落实专项经费，鼓励其提高专业服务能力、社会化资源整合能力和企业孵化能力。

2007年8月，财政部、国家税务总局印发《关于科技企业孵化器有关税收政策问题的通知》。文件指出，自2008年1月1日至2010年12月31日，对符合条件的科技企业孵化器自用以及无偿或通过出租等方式提供给孵化企业使用的房产、土地，免征房产税和城镇土地使用税；对其向孵化企业出租场地、房屋以及提供孵化服务的收入，免征营业税。对符合非营利组织条件的孵化器的收入，自2008年1月1日起按照税法及有关规定享受企业所得税优惠政策。

2007年6月，科技部和财政部印发《科技型中小企业创业投资引导基金管理暂行办法》，旨在通过政府财政经费的投入，引导创业投资机构向初创期科技型中小企业投资。这项政策对强化孵化器拓展投融资功能，发挥社会资金对初创期企业关注与投入，帮助解决创业企业的资金瓶颈问题，将产生积极的引导作用。

四、大学科技园

截至2007年底，全国国家大学科技园总数为62家，拥有园区场地面积528.3万平方米，在孵企业6 574家，在孵企业职工总人数12.9万人。已孵化毕业的企业1 958家。

2007年8月，财政部、国家税务总局印发的《关于国家大学科技园有关税收政策问题的通知》指出，自2008年1月1日至2010年12月31日，对符合条件的科技园自用以及无偿或通过出租等方式提供给孵化企业使用的房产、土地，免征房产税和城镇土地使用税；对其向孵化企业出租场地、房屋以及提供孵化服务的收入，免征营业税。对符合非营利组织条件的科技园的收入，自2008年1月1日起按照税法及有关规定享受企业所得税优惠政策。

图 2-4　兰州交通大学科技园研发的高速列车柴油机部件

五、国家技术转移机构

为促进技术转移，增强自主创新能力，构建与创新型国家建设目标相适应的国家技术转移体系，2007年12月，科技部、教育部和中国科学院印发《国家技术转移促进行动实施方案》，旨在通过选择不同类型、不同发展模式的技术转移机构进行试点，扶持其发展，创建一批国家技术转移示范机构，带动技术转移机构健康发展，提升技术转移机构的整体服务能力。

2007年，火炬计划安排了技术转移专项资金2 216万元，支持了32家技术转移机构的技术转移项目，其中大学5项、科研院所5项、行业部门2项、地方20项。同时，在2007年创新基金中小企业公共技术服务机构补助资金中支持技术转移机构项目30多项，资金2 000多万元。

专栏2-1 国家技术转移促进行动实施方案“十一五”计划

根据国家技术转移促进行动实施方案的总体要求，“十一五”期间，将引导和支持建立10个区域技术转移及服务联盟、40个综合性、70个行业或专业性、80个大学及科研机构、30个国际技术转移基地等多层次的国家技术转移示范机构。推动一批国家重大计划项目和行业共性技术、关键技术的转移和扩散，实现全国技术合同成交额每年以15%的速度递增。

六、科技评估

2007年，开展了国家重大专项监测评估工作、《〈国家中长期科学和技术发展规划纲要（2006—2020年）〉若干配套政策》实施细则跟踪调研与评估工作、公益类科研机构绩效评估试点工作，完成了“十五”863计划综合评估、2007年度863计划和973计划经费预算评估、国家工程中心验收评估和运行评估等科技评估工作，为政府的宏观管理和政策调整提供了依据；开展了国际金融组织（IFIs）中国投资项目监测与评估诊断、外国政府贷款项目绩效评价指标体系设计及试点评价工作，为建立符合国际规范和适合中国国情的国际金融组织项目监测与评价体系框架提供研究基础，并通过知识转移和扩散，为中国在更大范围内建立投资项目的监测与评价体系提供示范。

科技资源与能力建设

2007年，中国全社会科技投入总量和R&D投入资金规模、全社会投入科技活动和R&D活动的人力数量继续保持快速增长，科技金融与资本市场进一步发育，人才培养机制进一步完善，以研究实验基地、科研条件自主创新和公共服务平台为主要内容的科技基础能力建设取得了新进展。

第一节 科技投入

2007年，全社会科技活动经费支出比2006年增长23.3%，达到7 098.9亿元；R&D经费总支出增长23.55%，达到3 710.2亿元；R&D经费占GDP的比例达到1.49%。从全国科技经费筹集的来源看，企业占67.44%，政府占22.14%，金融机构资金占4.99%。从全社会R&D投入结构来看，企业R&D经费投入所占比重继续上升，2007年达到72.28%。从研究类型看，2007年基础研究、应用研究和实验开发三者之间的比例为1：2.8：17.4。

一、中央政府投入

2007年，中央政府投入从多个方面作出重要安排和调整。

◎ 直接投入

中央政府直接投入主要以中央财政科技拨款的方式体现，从资金支持性质来说包括直接资助和权益性资助两种。其中，直接资助是政府以无偿的预算拨款的方式进行的支持，权益性资助是政府以不同的权益性方式进行的直接投入。

投入总量。2001年至2006年，中央财政科技拨款保持增长态势，2006年达到1 009.7亿元，较上年增加201.9亿元，增长25%，是2001年的2.27倍。在支出强度上，2006年达到10.3%，比

2005年增加了1.1个百分点，与2001年相比则增长了33.77%。2007年，按照新预算科目，中央财政科技支出924.6亿元，占中央本级财政支出8.1%。

中央财政除安排中央财政科技拨款之外，还安排了一些没有纳入财政科技拨款口径的其他直接拨款。

投入重点。2007年，中央财政直接投入加强了面对国民经济发展紧迫需求和解决民生重大问题的投入，加强了中央－地方科技资源聚焦国家战略，推动国家和区域科技进步的投入。"十一五"期间，中央财政增设国家科技支撑计划。2007年，中央财政核批国家科技支撑计划项目总预算年度拨款55亿元，以支撑计划地方引导项目形式，专项支持地方和行业科技重大需求，安排由地方牵头的项目178项，资金总额达到51.4亿元。面对中国节能减排等国民经济和社会发展中的重大紧迫性问题，科技部联合其他部委积极开展部际合作，推动实施"中国应对气候变化科技专项行动"、"'十一五'国家粮食丰产科技工程"等专项行动，推动国家科技计划专项资金向解决民生重大问题倾斜。

投入方式。2007年，中央财政科技投入除继续加大直接资助力度，还开展多种投入方式的新探索，在以新的投入方式实施国家科技重大专项、运行创业投资引导基金、政府企业共建科技条件平台投入等方面取得突破。例如，在大飞机专项中，强调实施新的投入机制，吸收各方资本积极参与大飞机研发。2007年7月，创业投资引导基金正式启动，中央财政安排1亿元资金，用于支持创业投资机构。此引导基金专项用于引导创业投资机构向初创期科技型中小企业投资，并采取阶段参股、跟进投资、风险补助和投资保障四种方式进行引导。

◎ 间接投入

以税收优惠为代表的间接投入是中央政府财政科技投入的重要组成部分。围绕落实《配套政策》税收优惠政策，一系列具体办法在2007年发布。《关于落实国务院加快振兴装备制造业的若干意见有关进口税收政策的通知》为加快我国装备制造业发展作出重要的政策安排；《科技开发用品免征进口税收暂行规定》进一步规范科技开发用品免税进口行为；《关于促进创业投资企业发展有关税收政策的通知》规定符合条件的创业投资企业，可享受所得税减免的优惠；《关于国家大学科技园有关税收政策问题的通知》和《关于科技企业孵化器有关税收政策问题的通知》分别对符合条件的国家大学科技园和科技企业孵化器给予了所得税、房产税、城镇土地使用税和营业税的税收优惠政策。实施新的《企业所得税法》及《企业所得税法实施条例》。新企业所得税法和实施条例不仅规定了高新技术企业可以享受15%低税率优惠政策，而且在判定方法上作出重大调整。新政策不再以国家高新区和高新技术产品来判定高新技术企业是否可以享受税收优惠，而是以国家重点支持的高新技术领域和企业的研发投入等标准做相应判定。为了实现新企业所得税法的平稳过渡，《国务院关于实施企业所得税过渡优惠政策的通知》和《国务院关于经济特区和上海浦东新区新设立高新技术企业实行过渡性税收优惠的通知》对高新技术企业税收优惠的过渡办法进行了规定。

二、地方政府投入

地方政府科技投入包括直接投入和间接投入两部分。直接投入是指地方政府以直接资助和权益性投资等方式形成的财政资金投入。间接投入是指地方政府落实税收优惠政策等形成的资金投入。

◎ 直接投入

投入总量。2007年，地方财政科技支出858.44亿元；其中，12个省市的地方财政科技支出超过20亿元，总额为651.24亿元，占全国地方财政科技支出的75.86%。上海、广东超过100亿元。2007年，地方财政科技支出占地方财政支出的2.24%，其中，有9个省的比重超过2%，广东、浙江、上海超过3%，北京最高达5.5%。

投入结构。2006年，地方财政科技拨款中科技三项费为375.1亿元，比上年增长27.6%；科学事业费为161.6亿元，比上年增长15.7%；科研基建费34.3亿元，比上年增长了48.5%；其他科技拨款为107.7亿元，比上年增长55.9%。2004—2006年，科技三项费在地方财政科技拨款中所占比重基本稳定在55%左右，科研基建费和其他科技拨款连续以较快的速度增加，在地方财政科技拨款中所占比重有所上升；科学事业费在地方财政科技拨款中所占比重则有所下降。2007年，地方财政完成财政收支分类科目的衔接转换，开始使用新的财政科技支出科目。科目改革后，已经发生较大变化，难以进行上下年度的对比分析。

多种方式的财政资金直接投入。2007年，各级财政和科技部门加强了财政支持方式创新，在直接拨款资助的同时，探索股权投资、偿还性资助、后补助、奖励等多种投入方式。例如，2007年，北京市海淀区创业投资引导基金首期投入7 000万元资金；天津设立了滨海新区创业风险投资引导基金；深圳市继续探索按照创新链各环节进行资金安排和资助的多种投入模式；浙江省全面调整财政科技经费的支持模式，构建浙江省本级财政科技经费“分期拨款”、“事后补助”、“贷款贴息”三种支持模式；江苏改革科技经费使用方式，对企业承担的属于中试、示范和产业化阶段，预期可以取得直接经济效益的项目，采取事后补助方式；内蒙古自治区设立科技发展创新引导奖励资金，支持重大科技专项、优势特色产业的技术创新和科技人才队伍建设；云南探索多种科技投入方式，按照不同情况进行科技经费配置，对高校、院所承担的科技项目继续实行定额补助为主、对企业为主承担的项目特别是成果产业化项目实行风险投资、偿还性资助、后补助、奖励等多种配置形式；上海浦东新区在成功运行浦东科技发展基金的基础上，进一步改进科技发展基金运作机制，将资助方式改为“以有偿为主，逐步增加担保融资、创业风险投资等有偿资助项目，争取保值增值的健康发展机制”。

◎ 间接投入

2007年地方各级政府深入贯彻落实《规划纲要》、《配套政策》以及有关实施细则确定的各项科技税收优惠政策，一些地区结合本地实际情况采取了有效的落实措施。例如，江苏省据不完全统计，截至2007年6月底，江苏省企业技术开发费加计抵扣应纳税所得额20.22亿元，减免税收6.67亿元；浙江省实施允许企业可在3年内全部折旧完毕的优惠措施；安徽省规定国家高新技术产业开发区外经认定的高新技术企业，按规定税率征收所得税超过15%的地方留成部分，由同级财政按当年纳税增长额度资助企业的研究开发活动；浙江省宁波市先后发布《关于落实企业技术开发费有关财税政策的补充通知》、《关于推荐企业技术开发费单独建账范本的通知》、《关于抓紧组织做好企业技术开发费规范记账的通知》。

三、企业及其他投入

◎ 总量及结构

企业科技投入总量与趋势。企业是支撑近年全社会科技投入快速增长的主要力量。2007年，全国企业科技活动筹集总额达到5 189.48亿元，比2006年增长26.4%，保持了持续快速上升的势头。

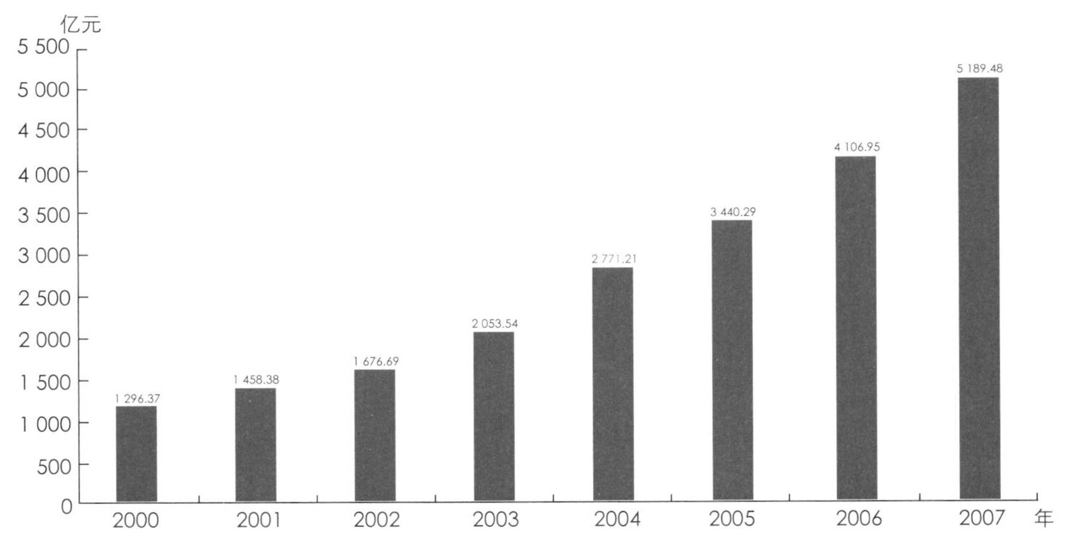

图3-1　企业科技投入

数据来源：《中国科技统计年鉴2008》

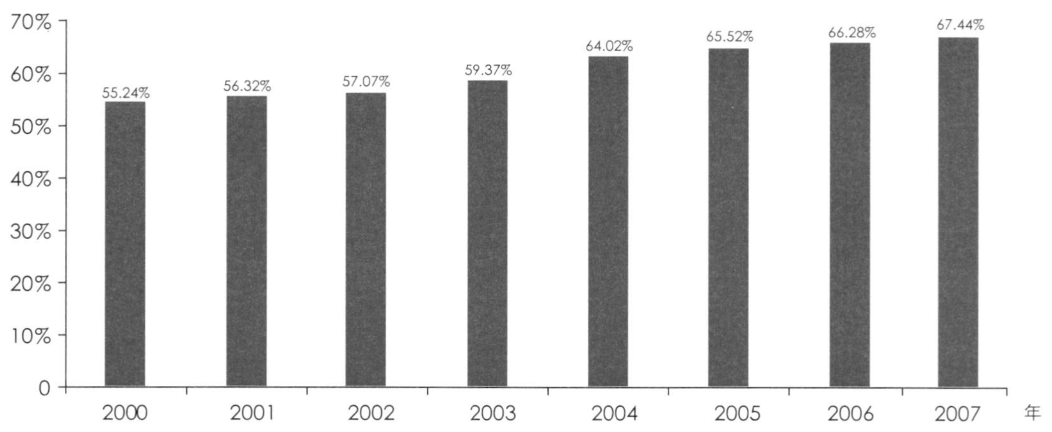

图 3-2　企业科技投入占全社会科技投入比重

数据来源：《中国科技统计年鉴 2008》

企业资金在科技经费筹集总额中所占比重逐年上升。2007 年，科技经费筹集总额中来源于企业的资金仍然保持上升态势，由 2000 年的 55.2% 上升到 2007 年的 67.44%，企业作为科技活动主要投资主体的地位更加稳固。

在科技经费筹集总额中，东、中、西部地区企业资金投入差距明显，比例约为 20∶6∶3。在科技经费筹集总额中，东部地区企业资金投入为 3 710.3 亿元，中部地区企业资金投入为 913.3 亿元，西部地区企业资金投入为 557.1 亿元。

企业 R&D 投入的结构与特点。2007 年，企业 R&D 经费支出总额为 2 681.9 亿元，比 2006 年增长 25.6%。其中，大中型企业 R&D 经费支出为 2 112.5 亿元，占全部企业 R&D 经费支出的 78.8%。在企业研发经费中，企业自身投入的资金占 91.9%，比例与 2006 年基本持平，其次是政府投入的

表 3-1　企业 R&D 投入情况（2000—2007 年）

单位：亿元

年　份	国家 R&D 总投入	企业	其中，大中型工业企业
2000	895.7	537.0	353.4
2001	1 042.5	630.0	442.3
2002	1 287.6	787.8	562.0
2003	1 539.6	960.2	720.8
2004	1 966.3	1 314.0	954.4
2005	2 450.0	1 673.8	1 250.3
2006	3 003.1	2 134.5	1 630.2
2007	3 710.2	2 681.9	2 112.5

数据来源：《中国科技统计年鉴 2008》

资金占4.8%，主要起引导投入方向的作用。

全社会R&D投入结构中，企业投入远远超过政府投入。2006年，企业R&D占全社会R&D的69.05%，政府投入占24.71%。2007年，企业R&D占全社会R&D的70.37%，而政府投入继续降到24.62%。

大中型企业R&D内部结构中，民营企业和外资企业R&D增长较快。2007年，内资企业占企业全部R&D投入的72.9%。在内资企业中，国有及国有控股企业R&D投入比重下降，民营企业在我国企业R&D活动中的地位迅速提高。2007年，民营企业R&D经费的比重为49.8%。同时，外资企业R&D经费也保持了强劲的增长势头。2006年到2007年，外资企业R&D经费的比重由18.3%变为20.4%，增加2.1个百分点。

◎ R&D经费投入强度

大中型工业企业R&D投入强度。企业R&D经费投入强度是衡量企业技术开发能力的主要指标。在1991—1998年期间，我国大中型工业企业的研发经费投入强度一直保持在0.5%左右，从1999年开始，企业研发经费投入强度开始上升，2006年达到0.76%，2007年达到0.81%。

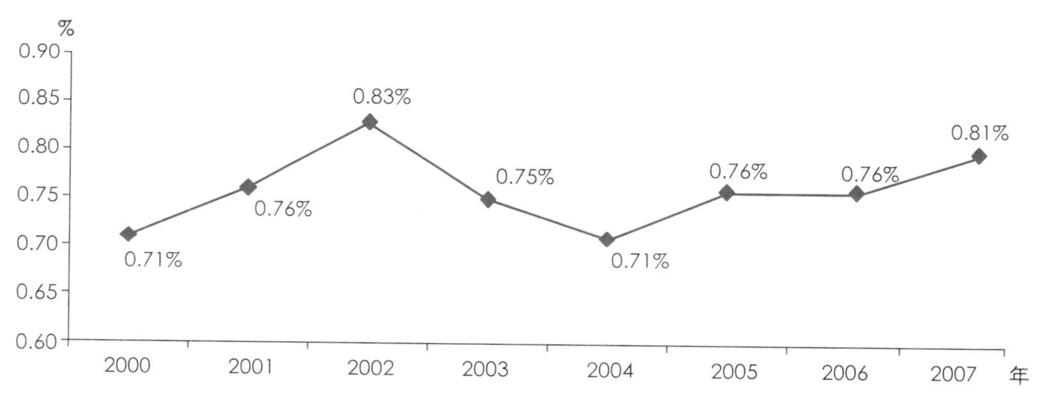

图3-3　大中型工业企业研发经费投入强度

数据来源：《中国科技统计年鉴2008》

高新技术企业。2007年，高新区内经认定的32 347家高新技术企业的R&D经费投入达到1 190.5亿元，比上年增加了234.8亿元，经费增长超过上年50%的企业有4 197家，其中大部分为中小型企业。

◎ 技术活动经费

2007年，大中型工业企业购买国内技术支出129.6亿元，引进国外技术支出452.5亿元，从企业获取外部技术的情况来看，引进国外技术支出远高于购买国内技术支出，但两者之间的差距正在缩小。

从技术活动经费支出主体来看，内资企业引进国外技术和购买国内技术的金额最大，购买国内技术所占的比重最高；港澳台企业引进国外技术和购买国内技术的金额最小，购买国内技术的经费支出比例最低；外商投资企业的技术来源则主要依靠引进国外技术。

从技术引进、技术改造和技术消化吸收情况看，在内资企业技术活动经费支出中，技术改造的支出远高于技术采购的支出，消化吸收经费也比较高，显示企业对技术改造和消化吸收日益重视，但技术引进和消化吸收的比例仍然低于世界主要发达国家。

表 3-2　2007 年大中型工业企业技术活动经费支出　　单位：亿元

注册类型	技术改造经费	技术引进经费	消化吸收经费	购买国内技术经费
内资企业	3 240.83	234.02	81.18	115.69
国有大型企业	720.25	41.80	8.94	20.87
港澳台投资企业	159.50	40.19	6.42	5.99
大型企业	40.03	18.44	2.90	2.08
外商投资企业	249.65	178.24	19.01	7.91
大型企业	142.84	10.92	10.57	3.17
各类型企业合计	3 650.20	452.45	106.61	129.59

数据来源：《中国科技统计年鉴 2008》

2006 年，企业购买技术成交合同支出总额达到 1 524.83 亿元，占全国技术市场成交合同总额的 83.9%。2007 年，企业输出技术交易额 192 万亿元，企业购买技术成交额达到 1 829 亿元，分别较上年增长 25.9% 和 20%。

四、科技金融

◎ 创业风险投资

2007 年全国创业风险投资机构数达到 383 家，当年新设创业投资机构达 69 家。创业风险资本总量达到 1 112.9 亿元，新增创业风险投资资本量为 449.2 亿元，增长率分别为 11.01% 和 67.7%。政府性质的出资总额接近 367 亿元，占到全社会创业投资风险资本总量的 33%。截至 2007 年，全国创业风险投资累计投资项目为 5 585 个，创业风险投资当年投资项目数为 993 个；累计对高新技术投资项目数达到了 3 369 个，占到 60% 左右，投资额 295.2 亿元，占到总投资额的 60% 左右。

2007 年当年投资额在 2 000 万元以下的项目占总数的 87.5% 以上，所投企业注册资本在 1 000 万元以下的占 49.5%，雇员人数为 50 人以下的占 40.8%。从创业投资金额的行业分布看，金融服务、软件产业、传统制造业、新材料及其他行业，集中了当年 66.9% 以上的金额，其集中度又较

表 3-3　2002—2007 年中国创业风险投资发展：机构和资本

年　份	2002	2003	2004	2005	2006	2007
创业风险投资机构总数（家）	366	315	304	319	345	383
机构增加数（家）	43	－51	－11	15	26	38
机构较上年增长（%）	13.30	－13.90	－3.50	4.90	8.20	11.01
创业风险投资管理资本量（亿元）	688.5	616.5	617.5	631.6	663.8	1112.9
管理资本增加量（亿元）	69.2	－72	1	14.1	32.2	449.2
管理资本较上年增长（%）	11.2	－10.5	0.2	2.3	5.1	67.7

资料来源：《中国创业风险投资业发展报告 2008》

2006 年提高了近 10 多个百分点。

目前，在 237 家中小板上市公司当中，有创业风险投资背景的公司近 50 家，约占 1/4；不包括创业风险投资已变现资金，创业风险投资企业所持中小板股份总市值高达 521 亿元，有近 60 家创业风险投资机构投资了近 50 家中小板公司。

表 3-4　中国创业风险投资业投资项目的行业分布：投资金额与投资项目（2007 年）　单位：%

投资行业	投资金额	投资项目
金融服务	22.1	5.0
软件产业	16.0	17.1
传统制造业	12.6	13.8
其他行业	8.3	9.2
新材料工业	7.9	9.6
科技服务	4.9	2.0
新能源、高效节能技术	4.6	5.7
通讯	2.9	2.7
生物科技	2.3	5.6
媒体和娱乐业	2.2	2.0
光电子与光机电一体化	2.1	4.5
医药保健	2.0	3.3
资源开发工业	1.9	1.2
环保工程	1.5	2.2
消费产品和服务	1.4	1.9
其他 IT 产业	1.3	2.6

（续表）

投资行业	投资金额	投资项目
半导体	1.3	3.0
农业	1.2	1.2
零售和批发	1.1	1.2
IT 服务业	1.0	2.6
计算机硬件产业	0.6	1.1
网络产业	0.5	2.4

资料来源：《中国创业风险投资业发展报告 2008》

◎ 资本市场

中小企业板。2007 年，中小企业板上市的公司有 237 家，2007 年平均实现主营业务收入 11.31 亿元，平均净利润 8 333 万元，分别比去年同期增长 30.12% 和 38.15%。

非上市高新技术企业股权转让代办系统。截至 2007 年底，中关村科技园区已经有世纪瑞尔、中科软、北京时代等 28 家科技企业在股份代办转让系统挂牌交易。统计显示，27 家三板挂牌公司 2007 年全部实现盈利，主营业务收入达 33.8 亿元，较上年增长 40.4%；共实现净利润 4.2 亿元，比上年增长 82.6%。

◎ 政策性金融

截至2007年底，国家开发银行累计实现科技贷款发放 1 138 亿元，比上年同比增加了 80.3%；其中，先后为大唐电信、深圳华为、中兴通讯、联想集团等公司提供融资服务，同时还重点支持了大型飞机和ARJ支线飞机研发和产业化，发放技援贷款 22 亿元，向航天四大工程整体贷款授信 100 亿元；发放污染减排贷款 109 亿元，支持节能减排、环境保护、城市节能等国家重点领域的研发、技术改造和治理项目；与国家发改委联合下发《关于共同推动生物产业融资工作的意见》，为生物产业承诺贷款35亿元；出台了《关于加大科技贷款支持西部地区发展指导意见》，对西部科技企业发展给予倾斜性支持。

图 3-4　国家开发银行大厦

截止2007年底，中国进出口银行高新技术出口卖方信贷达524.25亿元，高新技术贷款余额合计为583.68亿元。

科技部与中国农业开发银行合作开展的农业科技贷款业务发展势头良好。截至2007年底，农发行已累计支持农业科技贷款项目160多个，另外已进入评估阶段或已有贷款意向的贷款项目170多个，农业科技贷款余额近35亿元。

◎ **科技保险**

2007年7月，科技部、中国保监会与北京、天津、重庆、武汉、深圳和苏州等6个地区的高新区签订了试点备忘录，科技保险试点进入了实质性推动阶段。各试点地区都出台了相应激励性办法，科技保险的政策环境已经基本形成。截至2007年底科技保险保费收入约15.87亿元，风险保额超过685亿元，覆盖了1 200多家高新技术企业，试点工作稳中有进。

第二节 科技人力资源

2007年，中国科技人力资源总量继续增长，全社会投入科技活动和R&D活动的人力数量达到历史新高，科技人才培养取得了新进展。

一、科技人力资源总量

科技人力资源总量反映了中国科技人力资源的存量现状和未来科技人力投入的发展潜力。2007年中国科技人力资源总量达到4 200万人，比2006年增加400万人，增长10.5%。其中大学本科及以上学历约为1 800万人，比2006年增长12.5%。根据美国《科学与工程指标2008》，2006年美国具有大学学位的科学工程劳动力总量为1 700万人。中国本科及以上科技人力资源总量已经赶上美国。

中国科技人力资源总量的增长归功于高速发展的中国高等教育。根据历年教育统计数据，截至2007年底中国大专及以上毕业生累计约6 700万人，其中大学本科及以上学历毕业生约2 650万人，2000—2007年年均增长速度分别达到11.4%和12.0%。

中国人口科技素质继续上升。2007年每万人口中科技人力资源数从2006年的289人增加到318人。

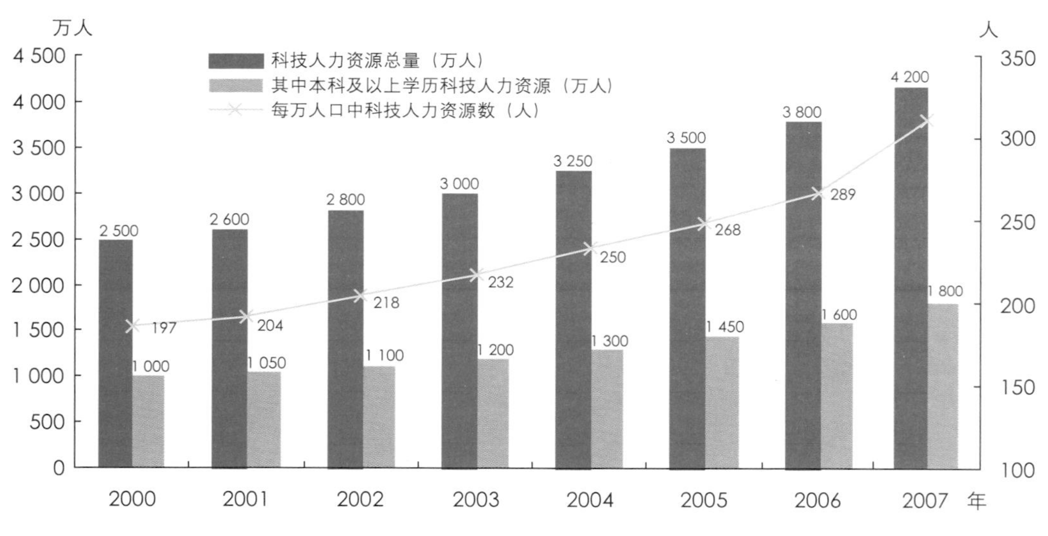

图 3-5　中国科技人力资源总量（2000—2007 年）

二、科技活动人员

中国科技活动人员数自 2000 年突破 300 万人后，2006 年超过 400 万人，2007 年达到 454.4 万人，比上年增加 41.2 万人，增长 10.0%。2007 年从事科技活动的科学家工程师总数达到 312.9 万人，比上年增加 33.1 万人，增长 11.8%。科学家工程师占科技活动人员的比重达到 68.9%。每万名劳动力中科学家工程师数上升到 39.8 人。

表 3-5　全国科技活动人员基本情况（1998—2007 年）

	1998	1999	2000	2001	2002	2003	2004	2005	2006	2007
科技活动人员总数(万人)	281.4	290.6	322.4	314.1	322.2	328.4	348.1	381.5	413.2	454.4
科学家工程师	149.0	159.5	204.6	207.2	217.2	225.5	225.2	256.1	279.8	312.9
占科技活动人员的比重(%)	52.9	54.9	63.5	65.9	67.4	68.7	68.7	64.7	67.7	68.9
每万名劳动力中科技活动人员数(人)	39.0	39.9	43.6	42.2	42.8	43.2	45.3	49.0	52.8	57.8
每万名劳动力中科学家工程师数(人)	20.7	21.9	27.7	27.8	28.8	29.6	29.3	32.9	35.8	39.8

2007 年中国企业科技活动人员数量已达 352.4 万人，比上年增加 36.3 万人，占全国科技活动人员总数的 77.6%；高等学校的科技活动人员为 54.2 万人，比上年增加 3.3 万人，占全国的比重为 11.9%。研究机构的科技活动人员为 47.8 万人，比上年增加 1.6 万人，占全国的比重为 10.5%。2000 年以来，中国企业科技活动人员数量得到较大幅度的增加，研究机构科技活动人员受到院所改制影响先逐年减少后止跌回升，高等学校的科研力量在逐年增强。

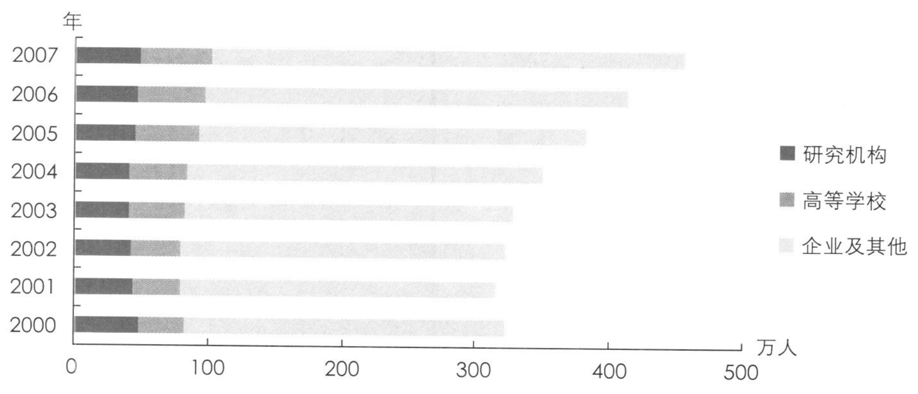

图 3-6　2000—2007 年科技活动人员在执行部门的分布变化

三、R&D 人员

扩大R&D人员队伍规模是实现中国科技发展规划目标的前提条件，是中国政府采取的重要措施。自 2000 年以来，中国 R&D 活动人员的数量和质量有了很大提高，R&D 人员总量保持高速增长趋势。2007 年中国 R&D 人员总量为 173.60 万人年，比 2006 年增加 23.4 万人年，增幅为 15.6%。

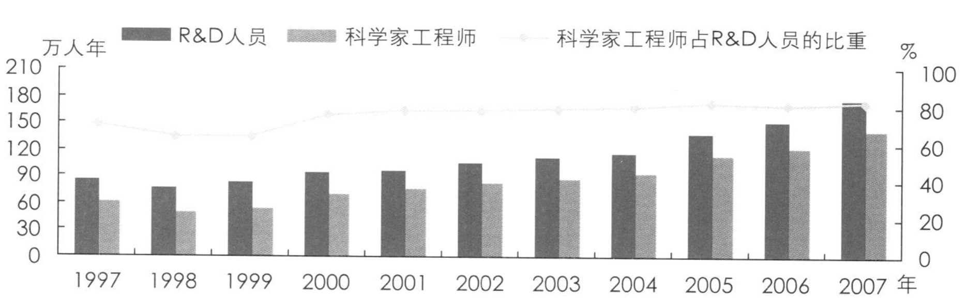

图 3-7　中国 R&D 人员及其科学家工程师的总量变化趋势（1997—2007 年）

R&D人员中科学家工程师所占的比重是反映R&D活动质量和R&D人员素质的重要指标。2007 年 R&D 科学家工程师为 142.3 万人年，比 2006 年增加 19.9 万人年，增长 16.3%。2000 年以来，随着大量高等教育毕业生投入R&D活动，中国R&D科学家工程师总量增长速度高于R&D人员的增长速度，使得中国R&D人员中科学家工程师所占的比重稳步提高，2007年达到 82.0%。

企业、研究机构和高等学校是中国R&D活动的三大执行部门。2007 年，中国R&D 人员在三大执行部门的分布情况是：企业及其他超过 2/3，研究机构和高等学校合计不足 1/3。从R&D 人力投入看，企业已经成为中国 R&D 活动的主体。全国 R&D 人员的增长主要来自企业的贡献。2007

表 3-6　R&D 人员按执行部门分布（2000 — 2007 年）

年　份	合　计	研究机构		高等学校		企业及其他	
	万人年	万人年	%	万人年	%	万人年	%
2000	92.2	22.7	24.6	16.3	17.7	53.6	58.1
2001	95.7	20.5	21.4	17.1	17.9	58.1	60.7
2002	103.5	20.6	19.9	18.1	17.5	64.8	62.6
2003	109.5	20.4	18.6	18.9	17.3	70.2	64.1
2004	115.3	20.3	17.6	21.2	18.4	73.8	64.0
2005	136.5	21.5	15.8	22.7	16.6	92.2	67.6
2006	150.2	23.2	15.4	24.2	16.1	102.8	68.4
2007	173.6	25.5	14.7	25.4	14.6	122.7	70.7

* 其他是指政府部门所属的从事科技活动但难以归入研究机构的事业单位。

年，全国 R&D 人员比上年增加了 23.4 万人年，仅大中型企业就增加了 16.2 万人年，占全部增量的 69.23%。2007 年全国 R&D 人员增长率为 15.6%，大中型企业 R&D 人员增长率达到 23.3%。

2007 年中国 R&D 人员中，从事基础研究的人员为 13.81 万人年，占 7.9%；从事应用研究的有 28.60 万人年，占 16.5%；从事试验发展的有 131.21 万人年，占 75.6%。

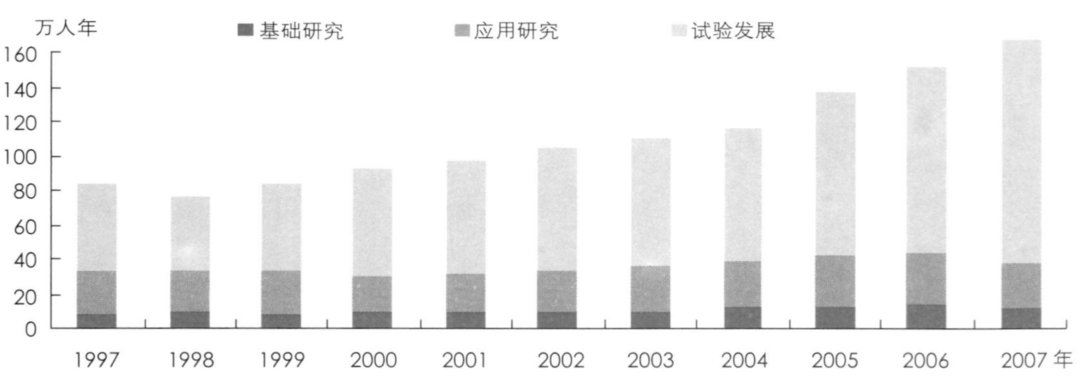

图 3- 8　中国 R&D 人员按活动类型分布（1997 — 2007 年）

四、科技人才培养

高等教育肩负着科技人力资源培养的重任。2007 年，全国包括普通高校、成人高校和网络学院在内共招收本专科学生 880.5 万人，其中本科 414 万人，专科 466.5 万人；招收研究生（不含在职人员攻读博士、硕士）41.86 万人，其中博士 5.8 万人，硕士 36.06 万人。中国高等教育毛入学率已经从 2000 年的 12.5% 提高到 2007 年的 23.0%。高校在校本专科生总规模从扩招前（1998 年）的

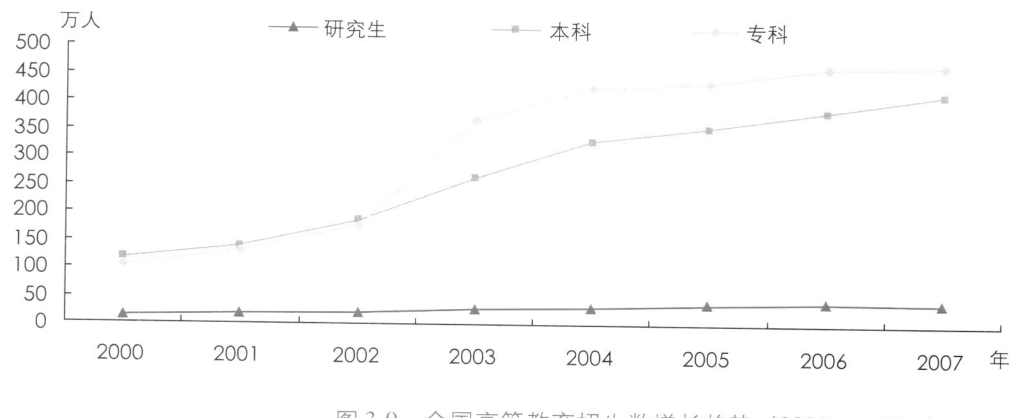

图 3-9　全国高等教育招生数增长趋势（2000—2007 年）

643 万人，增加到 2007 年底的 2 719.5 万人（不含正在参加高等教育自学考试学习的人员），中国成为世界上高等教育规模最大的国家。

高等教育毕业生是科技人力资源的主要来源。2007 年，全国包括普通高校、成人高校和网络学院在内本专科毕业生 727 万人，其中本科 315 万人，专科 412 万人；毕业研究生 31.18 万人，其中博士 4.15 万人，硕士 27.03 万人。

高等教育自然科学与工程技术领域的毕业生是科学家工程师的主要来源。2000 年以来，全国自然科学与工程技术专业毕业生大幅度增长，为国民经济各行业输送了大量年轻的科技人才。2007 年普通高等学校自然科学与工程技术领域本专科毕业生达到 221.4 万人，其中人数最多的是工学，为 159.4 万人；其次是医学，为 30 万人；理学和农学分别为 23.1 万人和 8.8 万人。

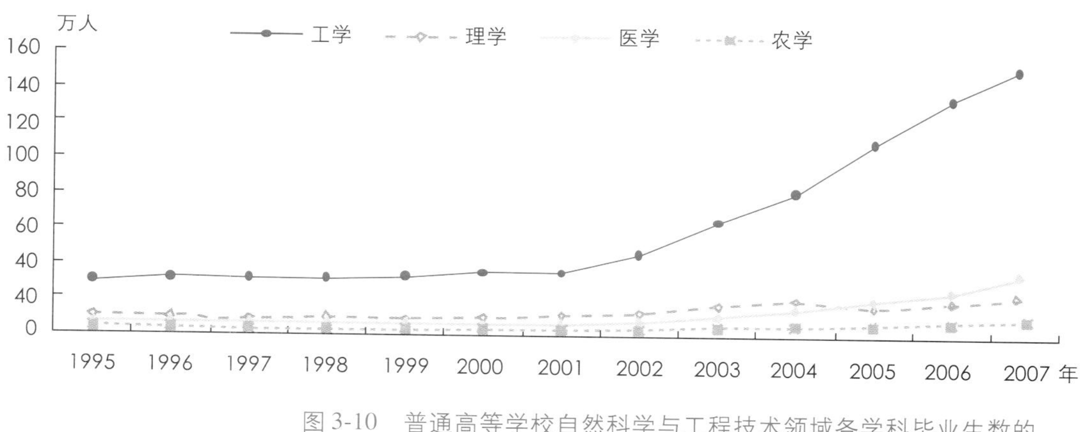

图 3-10　普通高等学校自然科学与工程技术领域各学科毕业生数的变化趋势（1995—2007 年）

2007 年，自然科学与工程技术领域研究生毕业人数达到 19.36 万人，其中博士 3.03 万人，硕士 16.33 万人，三者分别占全部学科领域毕业生总数的 62.10%、73.17% 和 60.40%。研究生毕业生总数中，理学占 11.3%，工学占 36.8%，农学和医学分别占 3.6% 和 10.4%。

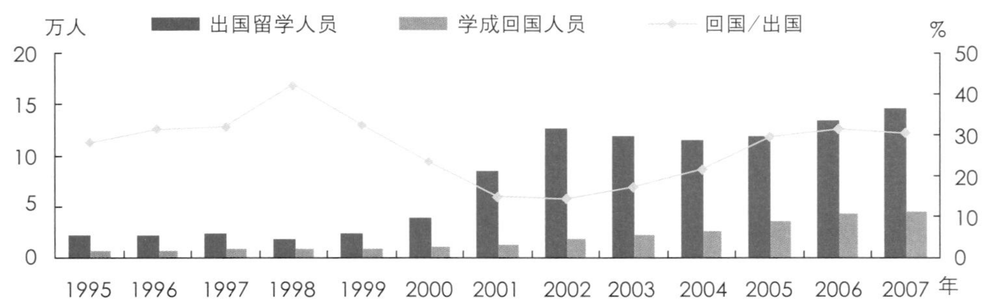

图 3-11　出国留学人员与学成回国人员（1995—2007 年）

出国留学生是中国可以开发利用的重要的科技人力资源。中国政府实行开放的人才流动和留学政策，重视吸引留学生学成回国。2000年以来，学成回国人员呈现出逐年增加的趋势。2007年出国留学人员达到14.4万人，比2006年增长7.5%。学成回国人员4.4万人，比上年增长4.8%。当年回国留学人员占出国留学人员的比例达到30.6%，是2000年以来最高的比例。

863、973和国家科技支撑三大主体科技计划已经成为培养中青年优秀学科带头人和博士、硕士高学位人才的学校。2007年，863、973和国家科技支撑三大主体科技计划共培养博士、硕士26 354人，其中博士9 822人，硕士16 532人。初次担任国家级项目的负责人达到2 055人，占项目负责人总数的33%。在高技术前沿领域的研发活动中，中青年科技人才已经成为骨干。三大计划项目负责人年龄在45岁以下的占47%，其中，863计划项目负责人年龄在45岁以下的占54.4%，科技支撑计划为36.6%，973计划为24.6%。三大科技计划的顺利实施不仅培育了许多高层次创新型科技人才，也吸引了不少海外科技人才。三大计划共有项目人员307 801人，其中高级职称105 190人，博士44 389人。2007年吸引留学归国人员6 310人，聘用国外专家680人。

"十一五"期间，国家加大对中国博士后科学基金的经费投入，累计资助将达到7亿元。对在站期间取得较好的自主创新研究成果和在研究能力方面表现突出的博士后，中央财政将一次性给予10万元的特别资助经费。2007年全年博士后进站总人数7 903人，比2006年增长19.2%。截至2007年底我国已累计招收博士后研究人员5万多人，已有近3万人出站。

2007年，参与国家自然科学基金面上项目、青年科学基金和地区科学基金项目人员共计88 059人。其中，高级职称23 730人，占26.95%；中级职称17 552人，占19.93%；初级职称4 163人，占4.73%；硕士生20 957人，占23.80%；博士生20 111人，占22.84%；博士后1 546人，占1.76%。国家自然科学基金面上项目、青年科学基金和地区科学基金项目负责人共计11 608人，其中45岁以下占79.3%。重点项目科学基金资助了6 011名研究人员，重点项目负责人45岁以下占43.7%。国家杰出青年科学基金资助了170名国内青年学者和10名外籍青年学者。海外及香港、澳门青年

表 3-7 2007 年 863、973 和科技支撑三大计划培养和引进人才情况

单位：人

	合计	973	863	科技支撑
培养博士和硕士	26 354	11 822	8 101	6 431
培养博士	9 822	5 360	2 690	1 772
其中：35 岁以下	8 366	4 684	2 272	1 410
培养硕士	16 532	6 462	5 411	4 659
初次担任国家级项目的负责人	2 055	87	1 325	643
第一负责人	1 454	81	915	458
第二负责人	601	6	410	185
引进人才	6 990	3 025	2 385	1 580
留学归国人员	6 310	2 835	2 073	1 402
聘用国外专家	680	190	312	178

表 3-8 863、973 和科技支撑三大计划项目负责人年龄结构（2007 年）

单位：人

	合计	<35 岁	35～44 岁	<45 岁	45～60 岁	>60 岁
863 计划	3 927	469	1 667	2 136	1 659	132
第一负责人	2 830	295	1 255	1 550	1 271	9
第二负责人	1 097	174	412	586	388	123
科技支撑计划	1 928	56	650	706	1 143	79
第一负责人	1 402	26	437	463	888	51
第二负责人	526	30	213	243	255	28
973 计划	391	4	92	96	231	64
第一负责人	360	4	86	90	211	59
第二负责人	31	0	6	6	20	5

学者合作研究基金资助境外青年学者80人。国家基础科学人才培养基金资助了60个国家基础科学人才培养与教学研究基地和72个项目；创新研究群体科学基金资助了29个研究群体，另有24个研究群体获得延续资助。

截至2007年底，中国科学院“百人计划”共引进与培养高层次科技人才1 417人。其中，“引进国外杰出人才”入选者987人，国内入选者230人，项目“百人计划”入选者22人。有178位国家杰出青年科学基金获得者得到“百人计划”专项经费资助。

第三节
科技条件平台建设

科研条件和科技基础条件平台是科技基础能力建设的重要内容，是立足国情实现中国特色创新驱动发展的客观要求，是国家创新体系建设的重要物质保障。

一、科研条件自主创新

“十一五”科技支撑计划中设立了“科学仪器研制与开发”、“科研用试剂核心单元物质及共性关键技术研制与开发”、“人类重大疾病小鼠模型的建立与应用”、“以量子物理为基准的现代计量基准研究”、“科技文献信息服务系统关键技术研究及应用示范”等项目，以支持科技条件的自主研发与创新。

科学仪器研发领域攻克了大角度高分辨的角度连续调节和同步、高精度分布测控等32项关键和共性技术；搭建了大型质谱仪、车载离子阱、蛋白质分离鉴定等研究开发技术平台；申请发明及实用新型专利50项，授权20项；在SCI、EI上发表论文62篇；开发新技术、新产品26项。

科学仪器产业化取得进展。攻克了集束式冷光源/单色器、比色池、检测器三位一体的比色计关键技术，成功研制开发了具有自主知识产权的“多参数食品安全快速检测仪”，已建立起4条组装调试生产线，1条检验生产线和1条试剂盒生产线。应用纳米材料研制的新型传感器，采用计时电流法实现饮用水中总菌数快速计数测定；新型纳米金属传感器实现饮用水中大肠杆菌数快速测定，达到国际领先水平。

在人类重大疾病小鼠模型领域，建立了18种组织特异性Cre重组酶转基因小鼠；获得8个条件性基因敲除小鼠模型；建立了常规表型分析标准化技术；按照SHIPPA标准操作程序（SOPs），对63种小鼠进行了血常规、血生化、器官重量等常规表型检查；开展了9个品系小鼠的糖尿病疾病模型和相关指标的研究，并建立12种代谢相关指标的SOPs；收集和整理了小鼠心血管发生发育疾病模型的表型分析技术方案40余种；获得了对位准确、图像清晰的小鼠连续断面图像数据集，搭建了结构较完整的小鼠可视化图像资料数据库，并建立了小鼠解剖概念表达标准和实现解剖结构的知识表示。

开展了疾病模型相关的基因改造小鼠品系的收集和整合工作。收集或引进了656个小鼠及ES品系；分别在国家遗传工程小鼠资源库和国家啮齿类实验动物种子中心上海分中心建立小鼠模型的冷冻胚胎库、冷冻精子/卵子库和冷冻卵巢库；目前已冷冻保存了2～8细胞胚胎共计83 041枚，冷冻了卵巢114对,精子5 086根麦管。首次在国内建立基于C57BL/6J遗传背景ES细胞的基因敲除。首次建立长度超过100 kb的转基因DNA片断的转基因小鼠品系。

二、科技基础条件平台建设

2007年，科研基础条件平台建设各项任务进展顺利。目前全国已经初步构建了一批重要科技基础条件资源信息平台，初步改善了科技资源配置分散、重复、低效的状况，提高了中央财政科技投入效率，盘活了上百亿的国家存量科技资源。

◎ 大型科学仪器设备共享平台

2007年11月“全国大型科学仪器协作共用网”正式开通。截至2007年10月，全国大型仪器协作共用网已经收集和整合40万元以上仪器设备信息资源共14 770台（套），2007年新增6 000余台设备信息，对外共享信息资源12 449台（套）；化合物谱图检索信息24 130条；整合相关分析测试方法、计量基标准元数据共8万余条，通过对外开展类型多样、各具特色的服务，仪器利用效率大幅度提升。

◎ 自然科技资源共享平台

2007年，自然科技资源共享平台领域共研究制定了132种植物种质资源、72种动物种质资源、10种人类遗传资源描述规范、数据标准和数据质量控制规范；完成了5.3万份植物种质资源、733种动物种质资源、1.1万株菌种资源、3.7万份人类遗传资源、102万份标本资源的标准化整理和数字化表达；抢救性收集、整理和保护了1.2万份濒危、珍稀植物种质资源、9个濒危动物种植资源；繁殖（复制）了1.85万份植物种质资源、11万余份微生物菌种资源；补充完善了1.4万份植物种质、2万份微生物菌种资源所缺的关键数据；上传e平台的共性描述数据达277万条，图片24万幅，信息178万多份，图像信息39万多份。

这些资源为国家的重大科研活动提供了重要支撑，如实验材料和标准物质资源领域，实现了资源的有效安全保存和全国范围内的共享利用。“中国植物数字化标本馆”在英国举行的“物种2000”国家生物数据库大会上获得“物种2000”理事会颁发的“百万物种名录2007年版年度名录特别光盘”，标志着“中国植物数字化标本馆”已成为“物种2000”全球最重要的节点之一。

◎ 科学数据共享平台

科学数据共享平台经过几年的累积，各项目平台的数据资源种类和数量进一步丰富和扩大，抢救和盘活国家科学数据资源的价值已达上百亿元，如海洋科学数据共享中心完成了全国6大类历史调查资料的抢救与整合，对13类已建共享数据库及元数据系统进行了更新和扩充，新建了6个对外共享的海岛数据库，开发了海洋数据系列产品，初步建立了海洋科学数据共享服务网络体系，新增网络在线共享数据达575站次，数据量达300 GB，盘活了国家9亿元的前期相关投入。

科学数据共享平台项目积极为863、973、支撑计划、自然科学基金等国家科研计划项目和国家重大建设工程提供科学数据。如地球系统科学数据共享网在2007年上半年为118个科研项目提供了数据支撑服务，主动为53个项目提供全程数据跟踪服务，并受大科学计划“季风亚洲项目”委托，为其建立了专题数据库及共享网站；先进制造与自动化科学数据共享网为9个国家级科研项目、6个国家重大工程项目、4个竣工配套项目以及东风汽车公司、长江电力公司等国家大型企业提供了数据服务。

◎ 科技文献共享平台

科技文献平台文献采集工作稳步发展、网络系统改造升级全面推进，国家科技图书文献中心的文献全文传递服务呈现不断增长的势头。2007年上半年仅经网络系统共提供全文服务123 953件次，是上年全年服务总量的81%。其中，外文期刊和外文会议录的请求量和比重呈不断上升趋势，分别占总提供数的63%和13.5%。2007年上半年网络参考咨询服务量比上一年同期增长约13%。在全国建立服务站的工作进展顺利，目前已有8个服务站签订了协议，其中7个已开通服务。

标准文献共享服务网络建立了跨部门、跨行业、跨地区的全国标准信息资源整合机制，从技术上实现了全国范围内的“资源整合、信息共享、协同服务”的一体化格局。通过制定标准文献著录规范、标准文献分类规范、国内外标准文献数据质量控制规范等10项标准文献数据加工规范，整合了国家、行业和地方等各类标准资源信息40余万条，所整合的资源已通过中国标准服务网(www.cssn.net.cn)向社会各界用户提供标准信息服务。

◎ 网络科技环境平台

通过网络协同环境建设，我国实现了部分大型仪器远程操控。“用于微束分析的大型仪器远程共享公共服务系统”基本解决了我国科学研究中微束类科学仪器远程控制、监测的技术问题，初步建成了支持地球科学、材料科学、生命科学、医学、纳米技术等学科远程科学实验的微束类仪器远程共享公共服务系统的关键子系统，建立了世界上首个微束类大型科学仪器网络虚拟研究实验中心。

中国数字科技馆的社会效益逐渐显现。截至2007年末，中国数字科技馆已基本建成博览馆（A馆）8个虚拟博物馆、6个网络科普专栏、体验馆（B馆）10个体验区，资源馆（C馆）9大类科普资源，总计52.5 GB资源已经上网服务，资源访问量不断提高，取得了明显的社会效益，并于2007年11月获得联合国和信息社会世界高峰会议共同发起的2007年世界信息峰会“电子科学”类大奖。

◎ 科技成果转化公共服务平台建设

2007年，重点加强了国家科技成果信息服务平台建设，完成了国家科技成果登记系统升级改版以及在线申报系统的全部开发工作，以及国家科技成果数据加工协作平台开发工作；在数据建设上，采集科技成果信息7万条，工程化中试机构信息数据库1万条，实现对存量数据的加工20万条，存量数据的更新8万条。2007年2月开发完成了国家科技成果信息服务门户系统，建立了国家科技成果信息服务体系。

三、区域创新平台建设

在国家科技基础条件平台建设的带动下，各地方结合自身科技资源优势和产业发展需求，以整合共享为主线，以服务创新为目标，搭建了一批各具特色、富有活力的科技创新平台，有效地促进了区域科技资源的共建共享，提升了科技对地方经济的支撑服务能力。

据不完全统计，目前有18个省（自治区、直辖市）制定了地方科技平台建设发展纲要，21个省（自治区、直辖市）设立了平台建设专项资金，10个省（自治区、直辖市）平台建设经费占科技投入的比例超过20%。北京市设立科技条件平台服务首都建设主题计划，2005—2007年累计投入1.2亿元；江苏省设立科技基础设施计划专项资金，财政投入从2001年的2 000万元增加到2007年的1.5亿元。

◎ 上海研发公共服务平台建设

为满足科技创新创业尤其是中小企业的技术创新需求，营造良好创新环境，上海市建设了由基础条件、公共技术、转移孵化、管理决策四大功能、十个子系统组成的上海研发公共服务平台(www.sgst.cn)。截至2007年底，平台的“科学仪器共用系统”聚集了全市151家单位的1 291台（套）单台套价值50万元以上的大型科学仪器和设施；“科学数据共享系统”已覆盖上海市的6大重点发展领域的科学数据，总量达到6 TB，其中化学化工和生命科学等特色领域的数据共享处于国内领先水平。平台“科技114”呼叫中心自开通以来服务数量、质量和用户数大幅度增加。2007年3月，平台专家咨询服务系统的“电话咨询”和“有问必答”两项功能正式开通，截至2007年底共收到提问2 870个，答复问题2 556个，答复率达89%。

2007年8月，上海市人大通过了全国首部关于促进大型科学仪器共享的地方性法规——《上海市促进大型科学仪器设施共享规定》，为促进大型科学仪器设施资源的利用，统筹规划上海市大型科学仪器设施购买和建设提供了法律依据。

图 3-12　上海研发公共服务平台

◎ 重庆市三大科技平台建设

重庆市按照"瞄准需求、突出特色、统筹布局、分步实施、外引内联、多方共建"的原则和"整合为主、新建为辅"的理念，开展了研究开发平台、资源共享平台和科技成果转化平台等三大科技平台建设。

2006 年 8 月建成并对外服务的重庆科技检测中心，在保持科研院所、高校现有检测资源的隶属关系、资产关系、人事关系"三不变"的前提下，通过实施"五个统一"(即统一发展规划、统一归口管理、统一对外宣传、统一接件窗口、统一服务标准)，有效集成了分散在各个科研院所、高校的检测资源，在国内首创了"检测超市"模式。截至 2007 年底，中心检测实验业务量达 52 542 项，比中心成立前各检测机构同期业务量增长 30% 以上；提供咨询服务 4 891 次，对外取证培训 878 人次，比中心成立前增长 50% 以上；实现检测收入 9 644 万元，比中心成立前增长 25% 以上。

◎ 浙江省科技创新平台建设

浙江省按照"政府扶持平台，平台服务企业，企业自主创新"的总体要求，在加快建设重点企业研发机构、重点实验室和试验基地等基础上，启动了公共科技基础条件平台、行业创新平台和区域创新平台建设。截至 2007 年底，共建设 3 个公共科技基础条件平台和 26 个行业、区域科技创新平台。据对 2006 年底前建成的 18 个平台的统计，已实际投入建设资金 9.11 亿元，拥有创新服务场地 23.86 万平方米，整合仪器设备总值达 22.37 亿元，参与平台建设的中高级技术人员 2 500 人。平台对外提供检测服务 29.5 万次，为相关领域企业培训职业技能人才 2.1 万人，服务企业已达 5 200 家。

◎ **海南省农业科技服务“110”平台**

海南省探索创建了农业科技服务“110”平台，采取广泛调动社会力量、发展技术服务和农资经营相结合的新模式，开创出了一条政府搭台、企业运作、技术支撑的“三农”服务新思路。农业“110”采用电话接入、技术人员下乡、专家面对面、远程视频等多种服务形式为农民提供跨地区的农业技术指导和农资供应咨询，每年通过“963110”电话接受咨询达30万人次以上，直接服务对象达60多万人次，惠及农民可达100万人次。

第四节 研究实验基地建设

目前，中国已初步形成以国家实验室、国家重点实验室、国家工程技术研究中心、国家野外科学观测研究站、企业国家重点实验室和省部共建国家重点实验室培育基地、国家重大科学工程等组成的研究实验基地体系，基本覆盖了基础研究的主要学科和国民经济与社会发展的重点领域。这些基地为中国科技的发展提供了重要的支撑作用。

一、国家实验室和国家重点实验室

2007年，国家（重点）实验室工作取得突破性进展，设立了国家（重点）实验室专项经费，从开放运行、自主选题研究和科研仪器设备更新三方面加大对国家（重点）实验室稳定支持的力度。2007年国家（重点）实验室专项经费14亿元，国家（重点）实验室引导经费2亿元。

进一步调整和完善了国家重点实验室的布局。经过评审，在国家重大需求领域和新兴前沿交叉学科领域批准新建了油气资源与探测等27个国家重点实验室，并完成了建设计划可行性论证。

组织了信息科学领域的30个国家重点和部门重点实验室的评估，评估结果为优秀实验室5个、良好实验室24个，淘汰了1个较差国家重点实验室。

加强国家重点实验室宏观管理和制度建设。2007年分3次组织召开了2003—2006年新建国家重点实验室管理研讨会，介绍基础研究“十一五”发展规划和973计划的组织实施，宣讲国家重点实验室管理办法和评估规则，有力地加强了新建国家重点实验室建设和运行管理，促进了实验室的相互交流。2007年下半年启动了《国家重点实验室建设与运行管理办法》、《国家重点实验室评估规则》和《国家重点实验室专项经费管理办法》的修订和起草工作。

积极推动国家实验室建设。6个试点国家实验室和2006年底新批准筹建的10个国家实验室筹建工作进展顺利。科技部组织专家对"青岛海洋科学与技术国家实验室（筹）"和"北京分子科学国家实验室（筹）"的建设方案进行了论证。

截至2007年底，国家重点实验室数目为221个（其中8个国家重点实验室参与国家实验室筹建）。实验室领域分布：化学科学领域26个，数理科学领域15个，地球科学领域35个，生命科学领域60个，信息科学领域30个，材料科学领域19个，工程领域36个。实验室分布于全国的22个省市自治区，其中北京最多，共有70个国家重点实验室，占全部的31.7%，其次为上海29个，占13.1%；在部门分布上，教育部113个，占51%，中科院71个，占32%。国家重点实验室有固定研究人员10 764人，其中中国科学院院士219人，中国工程院院士182人，国家杰出青年基金获得者666人。国家重点实验室仪器设备总值达到88.8亿元。国家重点实验室承担国家科技任务的能力持续增强，2007年共承担国家级研究课题7 577项，省部级研究课题4 048项，获得研究经费共计60.8亿元；获得2007年国家自然科学奖二等奖22项，占当年授奖总数的56.4%。

二、国家工程技术研究中心

国家工程技术研究中心是国家科技基础创新能力建设的重要组成部分。2007年，科技部紧密围绕国家重大战略需求，新建了"国家山区公路工程技术研究中心"等12个工程中心；继续实施整体布局的优化调整，择优支持了28个工程中心；采取多种评价方法，再评估了73个已建成中心，并验收了10个工程中心。

2007年各国家工程技术研究中心取得了一系列突破性科技成果。如国家防伪工程中心积极探索项目研发和工程化进程的无缝对接，"加密矩阵条形码防伪技术"、"镂空随机加密数码及防伪查询系统"、"全息双向定位精确洗铝技术"等研发项目都迅速地在国家重大防伪工程中发挥了作用。

三、国家野外科学观测研究站

2007年，进一步推进国家野外科学观测研究站（简称国家野外站）的建设，继续加强野外站基础设施、仪器设备更新和改造，制定和完善各领域野外站各项观测指标、标准规范及规章制度。2007年4月，批准新建了14个地球物理领域的国家野外站。2007年上半年，还对材料腐蚀领域的9个新建国家野外站进行了验收。

截至2007年底，正在运行的国家野外站共有105个，其中生态系统野外站53个，国家材料自然环境腐蚀试验站28个，大气成分本底站4个、特殊环境与灾害观测研究站6个，地球物理观测研究站14个。国家野外站分布于全国30个省（自治区、直辖市）及南极大陆。在部门分布上，中国科学院最多，有44个，占全部的42%；其他部门比较少，国资委12个，原国防科工委9个，中国地震局8个，教育部6个，农业部5个，国家林业局6个。据不完全统计，105个国家野外站共有固定人员2 357人，其中中国科学院院士22人，中国工程院院士12人，国家杰出青年基金获得者36人，长江学者4人，百人计划获得者41人。国家野外站承担国家科技任务的能力显著，共承担国家级科研课题1 500多项，经费约5亿元，获得国家科技奖三等奖以上的13项，各种授权发明专利、软件登记、新标准和新品种约160项。

四、企业国家重点实验室

科技部于2006年底制定出台了《关于依托转制院所和企业建设国家重点实验室的指导意见》，2007年全面启动在转制院所和企业建设国家重点实验室的工作。

2007年1～3月，组织完成了首批实验室的立项评审工作，并于7月发布《关于批准首批企业国家重点实验室建设申请的通知》，正式批准36个实验室立项。随后，科技部组织完成了36个实验室建设计划的可行性论证工作。

五、省部共建国家重点实验室培育基地

经过几年的发展，省部共建国家重点实验室培育基地（简称“省部共建实验室”）完成了基本布局任务。2007年，新批准建设了江苏省食品质量安全等8个重点实验室为省部共建实验室，使得省部共建实验室批准建设总数达到了47个。其中，山东省作物生物学实验室、四川省地质灾害防治与地质环境保护实验室等4个实验室通过了国家重点实验室建设计划论证，跨入国家重点实验室行列。截至2007年12月底，正在运行的省部共建实验室有43个。

六、国家大型科学仪器中心

国家大型科学仪器中心是科技部会同有关部门、地方政府，针对我国生命科学、材料科学等新兴交叉学科对高精尖科学仪器设备的重大需求，采取共建共享方式，以高精尖科学仪器群为抓手的国家综合性实验服务单位。在北京二次离子探针中心、上海质谱中心等国家大型科学仪器中心建设的基础上，2007年，继续推动武汉核磁共振中心、北京电子显微镜中心、北京中子散射中心的建设。目前，中国已有和在建的大型科学仪器中心13个，主要分布在生命科学（5个）、地球科学（3个）、物质科学和材料科学（5个）等领域，拥有国际顶级核心仪器16台套，总值约为1.7亿元，带动开放共享的大型仪器及大型基础设施60余台套，总值约10亿元。据统计，国家大型科学仪器中

心核心仪器年运行有效机时均超过2 000小时（利用率100%），有的超过6 000小时，大大高于我国仪器平均使用率，并且对共建单位以外的共享机时大部分超过了40%，为国家自然科学基金、973、863、国家科技支撑计划的实施提供了重要科学数据支撑。

七、国家级分析测试中心

分析测试是科学研究和技术发展的物质和技术前提。改革开放以来，中国建立了钢铁材料、生物医学、环境分析、有色金属、建筑材料、兴奋剂检测等14个国家级分析测试中心。在非典、松花江水污染、北京奥运等历次重大事件和热点问题中，国家级分析测试中心都提供了重要的检测数据支撑，为科学决策起到了不可或缺的作用。2007年度，以国家应急分析测试平台为载体，继续发挥国家级分析测试中心的带动和辐射作用，整合全国相关分析测试机构力量，重点开展了金属材料、食品安全、环境安全和生物安全等四个领域的应急分析测试平台建设，为确定北京沙尘暴的境外源和境内源以及影响我国华北地区的三条传输路径提供数据；为公安破案和司法部门裁定提供数据。

第四章

基础研究

2007年，中国基础研究工作取得了显著成就，各项计划进展顺利，基础设施和基地建设迈上了一个新台阶，取得了一批具有原创性的重大研究成果，进一步推动了中国原始性创新能力的提升。

第一节 基础研究投入与产出

近年来，中国基础研究经费快速增长，由2001年的55.60亿元增长到2007年的174.50亿元，增长了近2.1倍，为开展基础研究工作提供了重要保障。同时基础研究人力资源投入不断增长，据统计，中国基础研究人员全时当量从2001年的7.88万人年增长到2007年的13.81万人年，增长了75.3%。2007年，全国R&D人员全时当量为173.6万人年，其中基础研究人员的全时当量占7.95%。

近年来，中国基础研究领域发表的论文数量持续快速增长。中国科学技术信息研究所的论文统计结果表明，2007年主要反映基础研究状况的《科学引文索引》（SCI）所收录的中国论文为

表4-1 2001—2007年中国基础研究经费统计

年份	R&D经费支出（亿元）	基础研究支出（亿元）	基础研究占R&D比重（%）
2001	1 042.5	55.6	5.33
2002	1 287.6	73.8	5.73
2003	1 539.6	87.7	5.69
2004	1 966.3	117.2	5.96
2005	2 450.0	131.2	5.36
2006	3 003.1	155.8	5.20
2007	3 710.2	174.5	4.70

表 4-2　2001—2007 年中国 SCI 论文数据统计

年份	论文数（万篇）	占总收录比重（%）	位次	被引用篇数（万篇）	被引用次数（万次）
2001	3.6	3.57	8	1.8	3.9
2002	4.1	4.18	6	2.4	5.2
2003	5.0	4.48	6	3.1	7.2
2004	5.7	5.43	5	3.3	7.5
2005	6.8	5.25	5	5.1	13.3
2006	7.1	5.87	5	6.4	17.1
2007	8.9	7.03	5	7.9	21.6

8.9 万篇，比 2006 年增加了 25.4%，占世界论文总数的 7.0%，所占比重比 2006 年提高了 1.2 个百分点。若按论文数排序，中国排在世界第 5 位，自 2004 年起已连续 4 年保持在这个位置。

中国科技人员作为第一作者于 2001—2006 年发表的 SCI 论文，在 2007 年有 78 852 篇被引用，比上一年增加了 14 666 篇；而被引用次数由 171 198 次增到 216 057 次，增长率分别为 22.8% 和 26.2%。过去 10 年间中国论文被引用次数的排名比上一年度统计时提升了 3 位，居世界第 10 位。

从 SCI 数据库中各学科被引频次最高的前 1% 的重要论文统计分析表明，中国在各个领域的高被引论文 10 年来呈现逐年增长的良好态势。其中，中国在材料科学、工程技术、数学、物理和化学 5 个领域的高被引论文占本领域世界高被引论文总数的比例高于中国 SCI 论文占世界总数的比例。另外，2004—2007 年，中国科研人员在《Science》（《科学》）上发表论文 147 篇，在《Nature》（《自然》）上发表论文 122 篇，在《PNAS》（《美国科学院院刊》）上发表论文 167 篇，在《Cell》（《细胞》）上发表论文 23 篇。以上几组数据表明，中国基础研究论文不论是数量还是质量都取得了可喜的成就，充分显示出中国基础研究整体水平不断提高。

第二节
基础科学与科学前沿

2007 年，对基础科学与科学前沿的下列方面进行了重点部署：对科学发展具有重要带动作用和重大影响的前沿研究；与相关学科交叉融合，可能形成新的学科生长点的前沿研究；能充分体现中国优势与特色，有利于迅速提升中国基础科学国际地位的前沿研究。

在万维网搜索引擎设计与分析中，科学家应用概率论与随机过程等理论，提出了一种利用用户上网时间记录来推算网页重要性的方法，建立了用户浏览图上的连续时间马氏过程；首次提出了“Aggregate Rank 算法”并且给出算法复杂性分析、误差估计和实验验证，设计了“N-step Page Rank 算法”。该项成果比目前广泛使用的Google 搜索算法有明显的优越性，将来有可能取得有较广泛影响的应用。

创建了飞秒（fs = 10^{-15}s）拍瓦（PW = 10^{15}W）级超强超短激光与5飞秒周期量级极端超快强场物理条件，实现飞秒拍瓦级超强超短激光脉冲放大输出的峰值功率达到0.89 PW/29.0fs，达到国际领先水平，结果发表在《Optics Express》（《光学快递》）上，《Nature Photonics》（《自然－光子学》）杂志在其 New & Views 专栏中对此做了报道。另外，成功解决了大尺寸激光晶体放大过程中由于自激振荡导致放大倍率降低的国际难题，结果在《Optics Express》上发表并已申请发明专利。

非编码 RNA 研究取得了突出进展，从分析癌干细胞 Micro RNA 表达谱入手，进而通过病毒载体表达 Micro RNA 前体进行干预，探索 Micro RNA 对肿瘤干细胞“干性”的调控机制。首次揭示了非编码 RNA 是控制癌干细胞生物学机制的重要分子机制，为寻找新肿瘤干细胞的小分子RNA标记物提供新线索，并为靶向肿瘤干细胞的RNA干扰治疗奠定基础。该项成果发表在《Cell》上，对完善恶性肿瘤的基础理论以及开创新的抗肿瘤治疗方法具有重要意义。

在脑结构与功能方面，继提出果蝇行为的“两难抉择”和“合作双赢”之后，进一步聚焦在果蝇面临冲突环境时价值抉择的神经环路机制，证明果蝇中央脑的蘑菇体结构和多巴胺系统共同掌控果蝇的基于价值的抉择；果蝇有能力完成系列的抉择任务，即在面对新的抉择任务时，果蝇能放弃应对前一个抉择任务时所做的选择，转而做出新的选择；果蝇脑中的蘑菇体可能起到类似的“门控”作用，它和多巴胺系统共同实现抉择过程中的“门控”、“聚焦”和“放大”机制，从而导致非线性的陡峭的“S”形曲线。结果发表在《Science》上。

发现了迁移神经元中生长锥是感受外界导向因子的主要部位。当生长锥感受到外界导向因子的信号后，需要进行长距离的信号传递，以协同生长锥与细胞体的运动；对于排斥性因子 Slit，由生长锥发动的钙离子波是这个长程信号的载体，钙波传到细胞体后通过调节小分子GTP酶的活性改变细胞极性，使神经元发生迁移反转，结果发表在《Cell》上。这项工作是对有关神经元迁移的基本细胞生物学问题的阐述，具有重要的学术价值。

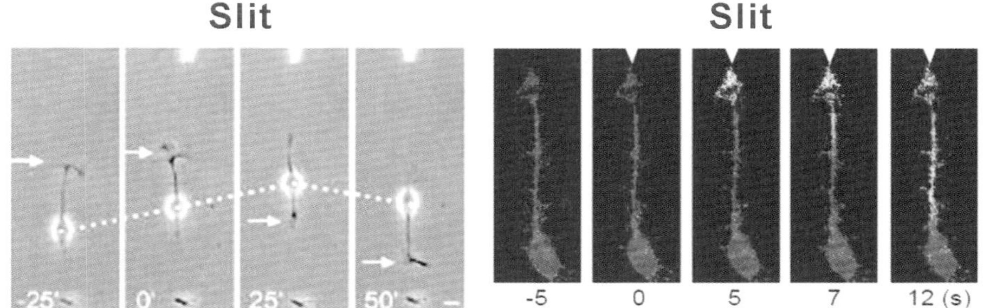

图 4-1　生长锥直接感受 Slit 引起的神经元迁移的转向

第三节 农业领域

2007 年重点在农业资源高效利用的科学基础、农业生物基因资源发掘和重要性状的功能基因组研究、农业战略性结构调整及区域农业布局的基础科学问题、农业可持续发展中的环境和生态问题、农业生物灾害预测、控制与生物安全、农产品营养品质、农产品储藏和安全的基础科学问题等方面做了部署。

在有害生物入侵方面，发现了 B 型烟粉虱与土著烟粉虱之间存在“非对称交配互作”，这一机制在促进 B 型烟粉虱数量增长的同时，压抑土著烟粉虱种群增长，从而促进 B 型烟粉虱迅速入侵和扩张，取代危害性不大的土著烟粉虱。这一发现揭示了动物入侵的一个极具威力的行为机制，这种机制是入侵者的一种重要内在潜能，当入侵者到达新地域与土著近缘生物共存产生互作，激发这一潜能迅速发挥作用，驱动其入侵和对土著生物的取代过程。研究者破解了 B 型烟粉虱入侵的一个关键机制，为解释该害虫的广泛入侵并取代土著烟粉虱的现象和规律，以及对其进一步入侵和地域扩张的预警，提供了重要的理论基础。研究论文发表在《Science》的“科学特快”栏目上，这一成果将为入侵生物的预警和治理提供学术支撑。

在作物资源高效利用方面，研究者对于氮/磷（N/P）信号与激素信号互作调控水稻（玉米）根系发生发育分子机制研究过程中，在筛选相关突变体材料与遗传材料发展的基础上，建立了生长素信号（AUX）与 N/P 养分信号调控水稻根细胞形态建成与根组织发生发育的研究模型。完成了重要的 N 信号物质谷氨酸受体调控细胞凋亡的分子机制研究，相关成果发表在《The Plant Cell》（《植物细胞》）上。

在作物应答高盐方面，阐明了新的钙结合蛋白 SCaBP8 在拟南芥耐盐信号转导中的作用，证明了 SCaBP8 通过与 SOS2 的相互作用保护拟南芥地上部分免受盐胁迫，结果发表在《The Plant Cell》上。

科学家揭示了蚕豆促进玉米磷营养的机理，证明这一促进作用不仅体现在作物根系占据土壤空间的互补性方面，而且体现在蚕豆和玉米种间根际效应上。证明蚕豆改善玉米磷营养的根际效应机理，项目人员在国际上首次阐明了间套作提高土壤养分资源利用效率，尤其是磷素资源利用的机制。这一研究成果将为集约化可持续农业的发展，特别是利用生物多样性原理优化作物生产体系，提供可靠的理论依据和切实可行的技术模式。相关研究成果发表在《PNAS》上。

在水稻株型调控的分子机理研究方面取得突破，克隆了分蘖角度控制基因LA1和TAC1，水稻分蘖数目和分蘖角度是决定水稻株型并与产量密切相关的重要农艺性状。以往的研究仅限于表型描述、生理检测，对其调控机理的研究几乎还是空白。LA1 和 TAC1 等基因的克隆和功能研究是水稻株型调控方面突破性进展，为水稻育种奠定了坚实基础。

图 4-2　LA1 基因的表达水平决定水稻分蘖角度

第四节
能源领域

2007 年，能源领域主要在煤矿突水机理与防治、中低丰度天然气大面积成藏机理、非均质油气藏地球物理探测、电动汽车用蓄电（氢）体系、超临界水堆、嬗变核废料的加速器驱动次临界系统、内燃机、燃气轮机燃烧技术等方面做了重点部署，旨在为中国能源可持续发展的解决方案奠定基础。

绿色二次电池新体系研究发展了金属纳米晶体表面结构控制和生长的电化学方法，利用高指数晶面在氧化/还原条件下稳定性高的特点，通过方波电位产生的周期性氧化/还原的驱动，调控铂纳米晶体生长过程的表面结构，首次制备出高指数晶面结构的24面体铂纳米晶体。24面体铂纳米晶体具有很高的催化活性，以单位活性面积为计，其对甲酸、乙醇电氧化的催化活性是商业纳米催化剂的2～4倍，同时具有很高的化学和热稳定性。该成果是纳米催化剂合成的重大突破，相关论文发表在《Science》上。

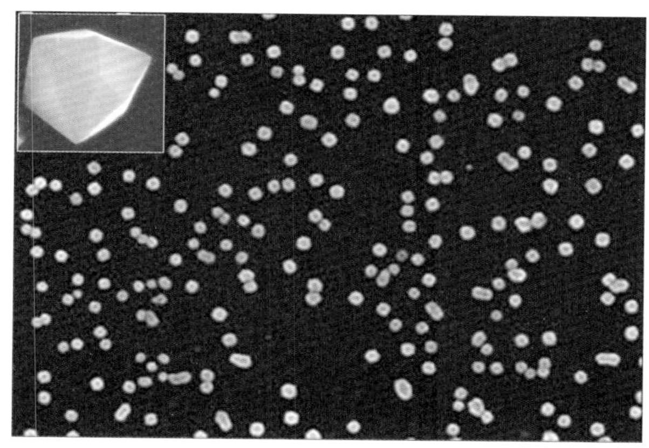

图 4-3　24 面体铂纳米晶体催化剂的扫描电子显微镜（SEM）图像

在弱碱/无碱驱油体系方面，化学驱和微生物驱提高石油采收率的基础研究研制出了具有自主知识产权的低/无储层伤害的两类高效廉价驱油表面活性剂，产品性能达到国际同类产品先进或领先水平；进一步完善了强碱驱油体系，在世界最大规模的强碱驱油体系工业化试验中得到成功应用，取得了预期的试验效果，为大幅度提高石油采收率技术的形成和工业化应用奠定了坚实的基础。

气流床煤气化技术的基础研究获得了各种喷嘴间距下的流场特征和撞击流驻点的偏移规律，发现对于中等喷嘴间距（2D<L<20D），撞击面驻点对气速比变化很敏感，研究结果为大型煤气化装置（日处理 3 000 吨煤以上）的设计、放大奠定了重要的理论基础。

深部煤炭资源安全开采方面的基础研究提出了利用矿井涌水作为冷源的深井新型降温模式，研发了 HEMS 降温系统的成套技术和装备，降温系统效果显著。该项研究为深井高温热害治理开辟了新的技术途径，经济、社会效益突出，具有广阔的推广应用前景。

大面积低价长寿命太阳电池关键科学和技术问题的基础研究，建成 500 W 规模的小型示范电站，光电转换效率达到5%；在没有背反射器的情况下，高速率沉积的大面积 a-Si/a-Si 叠层电池组

图 4-4　500 W DSC 电池示范系统

件效率取得突破，建立了具有自主知识产权的高效非晶硅薄膜电池组件制备工艺流程及技术方案。

第五节
信息领域

2007 年，信息领域将太赫兹器件和光子集成器件、微纳传感器系统和系统级封装、宽带数字通信基础理论、多业务光网络新体系和可管理的 IP 网、计算系统虚拟化、需求工程、非结构化信息处理与知识推理、网络与信息安全等 8 项内容列为信息领域本年度重要支持方向，并在每个研究方向上都做了重要的项目部署，为促进中国信息科学的跨越式发展注入新的力量。

针对基本不变量的计算问题，建立了经典几何的高级不变量代数系统：零括号代数、零几何代数、零 Grassmann-Cayley 代数，克服了基本不变量系统无法克服的许多计算困难，为不变量理论的有效符号计算奠定了基础。高级不变量代数在符号几何计算方面表现突出。应用它证明和扩展经典几何和微分几何定理，使得以前数十万项都难以完成的计算，现在只要一两项就能完成。国际同行认为，这项工作是符号机器证明领域的一个重要突破。相关研究论文发表在第 32 届国际符号和代数计算会议（ISSAC）上，并获得年度惟一的“ISSAC 杰出论文奖”。这是中国学者连续第二年在该会议上获此奖项。

提出了与传统 CMOS 器件工艺方法兼容的在体硅衬底上制备大扇出源漏的围栅硅纳米线

（NWFET）器件的方法，该工艺集成方案与传统工艺技术兼容，不用选择外延等技术，可以实现完全自对准，并且可有效抑制自热效应，降低源漏寄生电阻，缓解拐角效应，可很好发挥围栅硅纳米线结构的特性优势。制备得到的硅纳米线的直径小于 10 nm，器件的漏致势垒降低效应（DIBL）只有4 mV/V，亚阈值斜率为74 mV/dec，而且获得了很高的电流开关比，达到 2×10^8，是目前报道最高的NWFET器件的电流开关比。相关论文被国际电子器件会议（International Electron Devices Meeting, IEDM）2007录用。

提出了表面电子传导式平面场发射三极结构的新设计及其制备技术。采用碳纳米管作为一次电子发射源，在栅极和阴极之间引入纳米氧化锌作为电子的倍增体，当一次电子轰击到其上时，产生二次电子发射，电子数目获得倍增。同时由于四针氧化锌的特殊结构，散射电子和二次电子获得较大的纵向速度，从而被阳极所收集，实验上获得调制电压小于80 V，发射电子利用率大于90%。这项研究有望突破美国NPI公司和日本公司对SED结构的技术垄断，同时可以降低场发射显示器件的制造成本和投资生产成本，使场发射显示器件真正成为具有竞争力的平板显示器件。

利用金属薄膜中SP波共振、耦合穿透现象，优化设计的金属薄膜超分辨成像结构，初步搭建了i线超分辨成像光刻实验系统，开展成像光刻实验，得到了最细30nm线条光刻图形结果。比2005年《Science》报道的分辨率提高了近3倍，同时具有不需要复杂的光学系统和新型抗蚀剂等优点，为后期超分辨光刻实验样机初步奠定了理论和技术基础。相关成果发表在《Optics Express》上。

在三维模型的拓扑修复方面，由于通过扫描方式获取的三维模型往往出现扫描数据的拓扑错误，这些拓扑错误常常以“环”的形式体现，这会对扫描数据的利用和后处理产生不利的影响。“可视媒体智能处理的理论与方法”项目通过使用体数据的骨架来描述和测量“环”，实现了一种鲁棒快速的修复实体模型拓扑错误的方法。利用该方法在移除环的过程能够保证不会引入错误的几何或者额外的环（错误的拓扑）。通过使用多分辨率的方格结构表示体数据，可以在高分辨率下高效地处理超大规模模型。研究成果发表在《IEEE Transactions on Visualization and Computer Graphics》（《IEEE 可视化与计算机图形学学报》）上。

第六节
资源环境领域

2007 年，资源环境领域重点围绕中亚造山带和华南陆块成矿、冰冻圈动态过程、中国－喜马拉雅地区生物多样性演变、南海大陆边缘动力学及油气资源，以及北太平洋副热带环流变异等方面进行了部署。在斑岩铜矿床的成矿模式、青藏高原环境演变、陆地生态系统碳循环、持久性有机污染物等方面研究进展突出。

作为Cu、Mo（Au）等金属主要来源的斑岩型矿床，主要产于岛弧与陆缘弧环境，如安第斯斑岩铜矿带，其形成与大洋俯冲密切相关。经研究发现，产于青藏高原腹地的冈底斯斑岩铜矿带和高原东缘的玉龙斑岩铜矿带的形成与洋壳俯冲无关，提出陆－陆碰撞造山带也是产出斑岩铜矿床的重要环境，并建立了大陆环境斑岩铜矿床的成矿模式，这大大促进人们对斑岩铜矿成矿环境的重新认识，为斑岩铜矿的找矿勘探提供了新思路。

在全球变化方面，揭示了不同时期青藏高原环境变化特征及区域差异；阐明了青藏高原冰川－径流－湖泊对全球变暖的响应及其相互作用关系；评估了现代环境变化对主要生态系统的影响。研究成果被列入联合国环境规划署（UNEP）于2007年发布的《全球冰雪展望》报告。

利用自主开发的大气－植被相互作用模型（AVIM2），结合千烟洲试验站多年野外观察资料和站上China flux通量观测资料，对千烟洲人工林1983—2004年的植被和土壤碳通量进行了模拟并将研究成果推广到中国南方红壤丘陵区，研究指出：植树造林在最初7年，土壤碳将下降约20%，之后呈上升趋势。植树造林最终将显著增加生态系统的碳贮量。《Nature》在2007年8月的最新研究亮点报道了该项成果。

初步建立了引发中国南方暴雨的天气学模型和暴雨锋区环流演变概念模型，提出了中国南方持续性和频发性暴雨的物理影响因子和物理过程，利用双雷达同步观测资料成功反演了出现在中国华南地区引发暴雨和激烈天气的中尺度飑线过程，这是中国科学家首次用完整的中尺度观测资料揭示的华南飑线过程的三维结构。

基于泥沙平衡原理，对半个多世纪以来长江泥沙从“源”到“汇”的过程进行系统分析，发现三峡工程蓄水导致宜昌、汉口和大通站输沙率下降，分别占这三站自20世纪60～70年代以来输

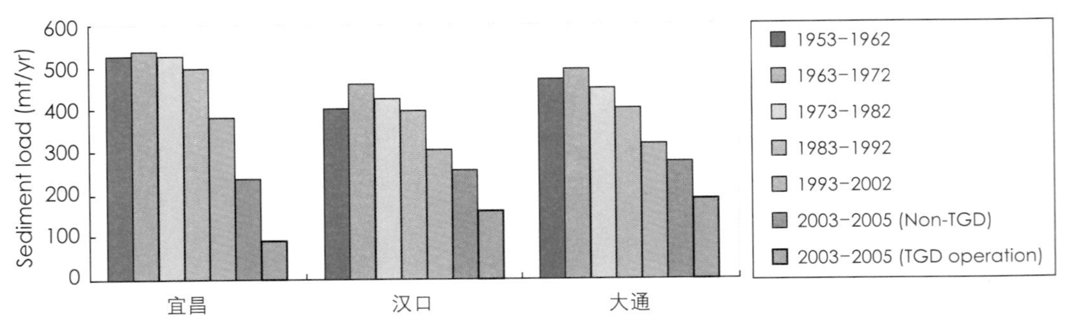

图4-5　长江干流宜昌、汉口、大通三站不同时期和情景下的输沙率变化

沙率下降总量的33%、32%和28%左右；来自上游的泥沙急剧减少使宜昌－汉口干流河道从淤积转变为强烈侵蚀，同时也大大减轻了洞庭湖的淤积。

基于绕岛积分理论，从动力学上分析了黑潮对东亚陆架边缘海环流系统的影响，揭示了北向逆风流动的暖流系统和日本海东边界流的形成机制。在此基础上结合位涡约束理论，从位涡收支的观点解释了日本海西边界流的成因，从而较系统地回答了控制整个日本海环流系统的动力学过程，并成功地将其应用到北部湾环流的研究中。

研究制备了氧配位的铁络合物固相光催化剂，提高了催化剂的稳定性，提高了H_2O_2的利用效率，有更高的转化数（1 840）。该研究对基于铁系（络合物）为基础的催化反应机理，自然界中铁循环和有机物转化、有机污染物的降解去除具有重要的理论意义和实际应用价值。

研究了蓝藻及毒素在太湖水柱中的分布规律，并在此基础上评价了蓝藻毒素的环境风险性；研究发现底泥界面对蓝藻毒素在水环境中的主要归宿过程起到重要贡献，详细评估了太湖梅梁湾水域作为饮用水源、开展水上娱乐活动及水产品养殖等生态服务功能存在的潜在风险性。

通过系统的田间试验，阐明了臭氧污染对农作物影响，并提出了臭氧影响农作物的机理模型，得出了水稻、冬小麦和油菜三种作物对空气臭氧污染的临界负荷，并结合土地利用、臭氧污染等方面数据，初步估算出现阶段臭氧污染导致长江三角洲地区水稻、冬小麦和油菜三种农作物的减产状况；在国际上率先并系统开展了化学合成手性农药环境安全研究，发明了全新的、具有使用价值的手性有机磷农药，取得了具有实际应用的成果。

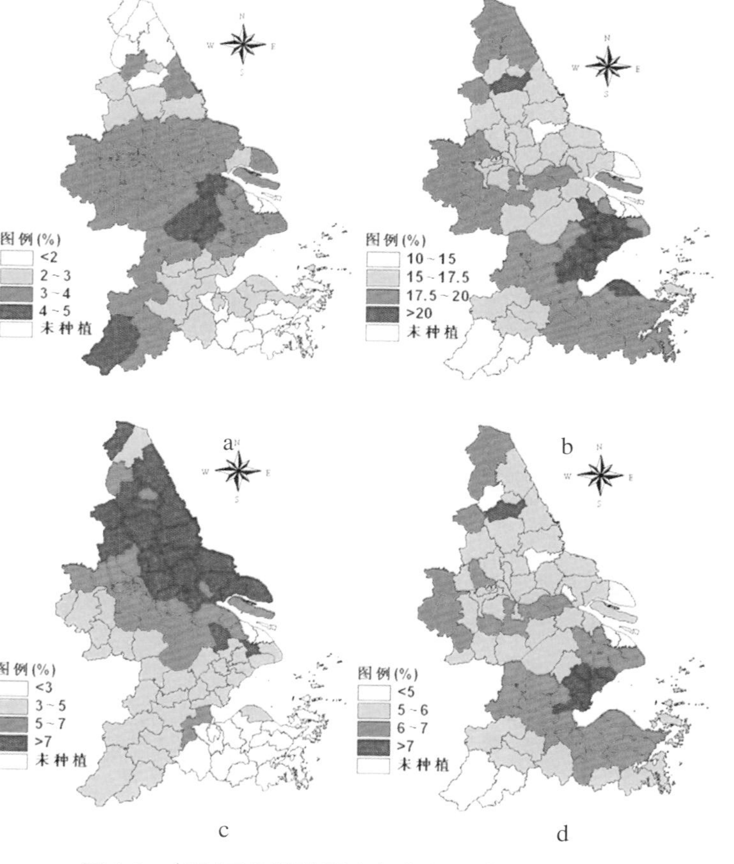

图4-6　长江三角洲地区大气臭氧导致农作物减产百分率

a. 水稻；b. 冬小麦；c. 粮食作物(水稻＋冬小麦)；d. 油菜

第七节
人口与健康领域

发展了一种支持向量机算法的预测蛋白质－蛋白质间相互作用的方法，提出了新的内核函数，该函数考虑了蛋白相互作用的对称性，因此比现有支持向量算法的内核函数更适合于表征蛋白质－蛋白质间的相互作用。该方法为蛋白质功能研究提供了较好的理论工具，并可应用于设计新的药物。相关研究论文发表在《PNAS》上。

在神经退行性疾病的表观遗传学机制研究方面，发现在机体外周免疫系统中，β-arrestin 1这一具有多重功能的GPCR信号调节蛋白正调控CD4+T细胞的存活。在由自身免疫引起的多发性硬化疾病小鼠模型中，β-arrestin 1敲除小鼠的病理严重程度明显减轻，而β-arrestin 1转基因小鼠的病理严重程度却明显增加。此外，在多发性硬化病人的外周血CD4+T细胞中，β-arrestin 1的表达明显增加，并促进了具有自身免疫性的CD4+T细胞存活。这些结果揭示了生物体内调节CD4+T细胞凋亡和自生免疫的新机制,并提示β-arrestin 1蛋白有可能成为研发自身免疫引起的多发性硬化症治疗药物的新靶点。

动作电位诱导神经信号传递是中枢神经的中心问题。神经元上的神经递质分泌相对于动作电位的延时是个关键问题。自1950年以来突触信号传递研究中已经解决了经典的兴奋性递质分泌的延时（<1 ms）。然而，中枢神经中调制性递质的延时问题尚未解决。中国科学家在大鼠蓝斑脑切片神经元胞体上研究了动作电位诱导的去甲肾上腺素（NA）分泌延时，发现NA释放延时比兴奋性递质的延时慢了100～1 000倍。这项成果发表在《PNAS》上。

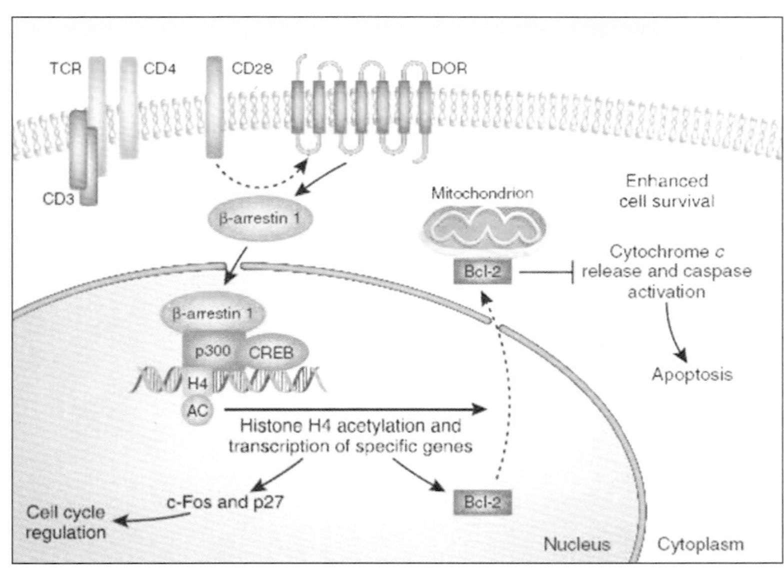

图4-7　生物体内调节CD4+T细胞凋亡和自生免疫的新机制

发现了表皮细胞的去分化现象。在确证去分化来源的表皮干细胞与正常皮肤干细胞具有相似结构和功能的基础上，将去分化来源的表皮干细胞用于构建皮肤三维结构获得初步成功。为从去分化来源“制造”干细胞和利用去分化途径再生组织和器官提供了重要理论基础。汗腺再生修复研究方面。在体外培养中，成功将MSCs诱导成为汗腺样细胞，确证了MSCs作为汗腺再生种子细胞的可行性和有效性。在体内研究中，建立了大鼠脚掌皮肤部分损伤模型，将标记有BrdU的MSCs进行创面局部及全身注射，免疫组化观察MSCs参与受损汗腺的修复情况。发现在部分汗腺中有BrdU阳性细胞表达，功能检测提示移植的经过诱导的MSCs参与了受损汗腺的修复，并有发汗功能。该项研究成果为将来采用自体干细胞移植再生汗腺打下了基础。

SNP与肿瘤遗传易感性相关研究取得重要进展。凋亡蛋白酶Caspases对T淋巴细胞的存活非常重要，因此它对免疫系统对恶性细胞的监视和杀灭具有重要影响。根据Hap Map计划I期公布的中国汉族人群数据，以标签SNP策略研究了位于染色体2q33区域上三个串联相邻的半胱氨酸蛋白酶家族成员CASP8、CASP10和CFLAR基因遗传变异与多种肿瘤的关系。结果发现CASP8基因启动子区存在一6个核苷酸插入/缺失（－652 6N ins/del）变异。从DNA、RNA、蛋白质和细胞水平证明，经肿瘤抗原刺激后，携带－652 6N del变异基因者的T淋巴细胞凋亡率显著低于携带－652 6N ins基因者的T淋巴细胞。并检测了包括肺癌、食管癌、胃癌、结－直肠癌、子宫颈癌和乳腺癌在内的4 995位肿瘤病人和4 972个对照基因型分布的差异，结果表明6N del变异与上述全部肿瘤的易感性相关，并呈等位基因剂量－依赖方式，即每一6N del等位基因发生肿瘤的风险降低25%。研究进一步证明，影响机体免疫状态的遗传变异是决定肿瘤易感性的重要因素。

第八节 材料领域

发展了CVD方法，制备出由单层碳纳米管束组成、面积可达100 cm^{2}以上，厚度可调的（100～1 000 nm）、高透明度（≥70%）、高导电（≈10^2 S/cm）、高强度（≥280 MPa/(g/m^3)）的薄膜，成果发表在《Nano Letters》（《纳米快报》）上。在此基础上，由双层碳纳米管束组成、高导电、透明单壁碳纳米管宏观尺度薄膜的制备研究已取得重要进展。优良的力学性能保证其能够方便地转移到任何基底上，高电导率使其作为柔性透明导电材料有着良好的应用前景。

建立了模拟半结晶材料中高分子构象的无规－有向行走非格子模型，可以预测多链体系在不同的结晶度或分子量条件下系带分子与链缠结的定性变化规律，为制备高品质的高密度聚乙烯（HDPE）输气管材专用料提供了理论依据。通过分子链结构表征、结晶动力学行为、结构流变学以及结晶形态学等实验研究，在不变动现有的工业生产流程的前提下，提出了优化工艺调控链结构分布的设计方案。

已于中石化扬子公司生产线上进行了两次工业试验，证明所提出专用料改进原则是合理和可行的。目前已开始对产品进行一年半的长期性能考核，在进一步调整工艺过程后将最终实现工业化生产。

针对现代航空器高损伤容限的要求，提出了“离位”复合的新概念，将碳纤维复合材料进行2-2周期性层状结构化设计，并在每个韧化层内部获得梯度分布的3-3双连续颗粒结构，同时与相邻的碳纤维层产生“互锁”机制，从而大幅度提高材料的总体损伤阻抗和损伤容限。目前，“离位”概念和“离位”技术体系已形成了以约10项国际国内发明专利等为核心的自主知识产权保护体系，并已经得到国际认可和高度评价。

在纳米掺杂二硼化镁（MgB_2）线带材制备及其性能提高方面取得系列显著进展。通过对掺杂物和掺杂机理的分析研究，采用粉末装管工艺，在较低制备条件下，使用多种有机物对MgB_2线带材进行掺杂，大幅度提高了MgB_2线带材在高磁场下的临界电流密度，成功研制出了多种高性能MgB_2线带材。同时，还系统研究了不同氧含量的有机物掺杂对MgB_2线带材临界电流密度的影响。结果表明，带材的性能对掺杂物氧含量特别敏感，高的氧含量造成MgB_2的连接性下降，进而导致临界电流性能严重退化；研究工作还特别指出提高MgB_2的超导连接性是提高MgB_2性能的一个重要研究方向。

研制出一种具有高强度、低弹性模量、超弹性和阻尼性能的多功能柔韧钛合金（Ti-24Nb-4 Zr-7.9Sn，简称Ti2448），近期研究发现其泊松比显著低于常规金属材料，为一类兼容低泊松比和高韧性的新型金属材料，在医用植入和密封等领域具有很好的应用前景。该研究结果发表于《Phys. Rev. Lett.》（《物理评论快报》）上。

发展了任意多振动模杜辛斯基转动混合的无辐射跃迁理论，考虑了激发态与基态势能面的不同特征，得到一个全新的无辐射跃迁解析公式，并实现了第一性原理数值计算，不需要任何参数，就可以从化学结构定量预测荧光效率，并阐述了有机发光材料的聚集诱导发光的微观机制。相关论文发表在《Journal of the American Chemical Society》（《美国化学会会志》）上。2007年8月27日，美国化学会在其主页对该项成果做了专题评论，指出“研究者建立了处理无辐射过程的第一性原理理论形式，可以预测大分子的荧光过程，不仅给出了与已知实验一致的结果，还定量地预测了实验难以得到的光物理参数”。

第五章

前沿技术

第一节　信息技术

一、高性能计算技术
二、通信技术
三、虚拟现实技术
四、信息安全技术

第二节　生物和医药技术

一、蛋白质工程技术
二、干细胞与组织工程技术
三、基因工程技术
四、药物分子设计技术

第三节　新材料技术

一、智能材料设计与先进制备技术
二、高温超导与高效能源材料技术
三、纳米材料与器件技术
四、光电信息与特种功能材料技术
五、高性能结构材料技术

第四节　先进制造技术

一、机器人技术
二、先进制造与加工技术
三、现代集成制造技术

第五节　先进能源技术

一、氢能与燃料电池技术
二、清洁煤技术
三、可再生能源技术
四、核能技术

第六节　海洋技术

一、海洋环境监测技术
二、海洋油气开发技术
三、深海探测与作业技术
四、海洋生物资源开发利用技术

第七节　资源环境技术

一、矿产资源高效勘察与开发利用技术
二、复杂油气资源勘探开发技术
三、环境污染控制与治理新技术
四、环境监测与风险评价技术

第八节　现代农业技术

一、农业生物技术
二、数字农业技术
三、食品生物技术
四、先进农业设施技术
五、循环农业技术

第九节　现代交通技术

一、汽车前沿技术
二、高速磁悬浮技术
三、智能交通技术
四、其他交通技术

第十节　地球观测与导航技术

一、地球观测技术
二、导航定位技术
三、地理信息系统技术

2007年，前沿技术研究更加关注国计民生的热点、难点及产业发展的高端问题。在节能减排关键技术研发，生物和农业技术攻关，信息技术、新材料技术和装备制造技术的更新换代和产业升级，以及空天技术和海洋技术研发等方面进行了重点部署，突破了一系列关键技术，取得了一批具有自主知识产权的发明专利和重大成果，提高了中国高技术的研究开发能力和国际竞争力，为高技术产业化奠定了发展基础。

第一节 信息技术

一、高性能计算技术

在千万亿次高效能计算机体系结构研究方面，提出了平衡系统的运算处理、存储访问、互连通信、输入输出等能力的超并行体系结构和混合体系结构；关注国内外多核、众核处理器发展，提出了基于最新处理器的系统实现方案；在高效能计算机节点、高速互连网络、克服存储瓶颈的存储器结构以及高性能I/O等关键技术方面寻求创新突破；高度重视系统软件，特别是面向多核处理器的编程环境和运行环境的研究，以改善系统的可编程性，提高程序开发、部署和运行的整体效率；以软硬件结合的方式提高系统的可管理性、可靠性和可用性；努力降低系统功耗与体积，从而降低系统运行成本等。

中国国家网格环境包括10个网格结点，依托自主开发的网格软件CN Grid GOS，实现了分布在全国各地的计算资源、存储资源和软件资源的整合共享。目前，中国国家网格已经形成了25.8万亿次以上聚合浮点计算能力和318 TB的总存储能力，开发和部署了100多个高性能计算和网格应用，应用涉及生物信息、材料、气象、天文、医药、航天、钢铁、交通、金融、化学等众多科学研究和工程应用领域。

二、通信技术

推进TD-SCDMA 3G网络的建设，引入先进的无线传输技术，采用立体化的网络覆盖与宽带无线技术；启动了“新一代高可信网络”等一批代表未来通信技术发展方向的重大项目，重点攻克“三网融合”的网络体制、节点设备、融合业务等关键技术，构建跨区域的国家试验示范网络，引领电信基础设施向新一代高可信互联网方向演进。

在自组织网络、超高速光通信、灵活光组网、分布式系统、Gbps无线传输与多天线技术、自适应传输技术等代表未来技术发展趋势的研究方向上开展研究，一批成果已经纳入国际、国内标准化组织候选技术，为通信技术走向世界前列提供前沿关键技术支撑。

三、虚拟现实技术

重点部署了虚拟现实建模与表现技术、数字媒体内容制作技术、数字媒体处理与服务技术、支持人机交互的显示技术、分布式虚拟现实与数字媒体技术、行业应用虚拟现实等关键技术，力争在三维物体输入技术，新型视、听、触觉人机交互和显示技术，虚拟现实设备小型化和轻量化，行业应用方面有所突破。

四、信息安全技术

重点在安全存储、可信平台模块、内容安全、网络信任保障、网络舆情控制、安全体系结构、实时防护、信息防泄密、新型桌面操作系统安全、一体化安全管理、密码算法检测分析、大规模网络主动防御等技术方面做了部署。

第二节
生物和医药技术

一、蛋白质工程技术

2007年，通过开展蛋白质工程技术研究，中国获得了一批具有自主知识产权和重大应用前景的蛋白质工程技术成果和专利。

开发了具有自主知识产权的西夫韦肽(Sifuvirtide)，该产品是一种可以抑制艾滋病病毒侵入正常细胞的膜融合抑制剂，继在2003年和2005年分别获得中国和美国专利授权后，于2007年获得了欧洲专利授权；该药的II期临床研究正在进行中。

自主研发的重组抗肿瘤坏死因子(人鼠嵌合单克隆抗体）可以用于类风湿关节炎的治疗，该抗体已获得批准开展临床研究。

长半衰期组织因子途径抑制物（LTFPI）的研制及治疗感染性弥漫性血管内凝血（DIC）的临床前研究显示，LTFPI具有良好的治疗感染性DIC的作用。

自主研发成功重组LFA3抗体融合蛋白用于治疗银屑病，该药物于2007年完成II期临床研究，显示出较好的疗效和比较理想的安全性。

二、干细胞与组织工程技术

治疗性克隆研究通过孤雌胚胎的活化与培养，初步建立了体细胞核移植体系，并利用体细胞核移植技术获得克隆囊胚，建立了人类胚胎干细胞体外诱导分化为中脑多巴胺能神经元和脊髓运动神经元的方法。

2007年11月13日，国家食品药品监督管理局颁发了中国第一个组织工程产品注册证书——组织工程皮肤（商品名：安体肤），标志着中国组织工程产品开始进入产业化阶段，是组织工程研究领域的标志性成果。

研发了中国第一个具有自主知识产权，并已获得国家食品药品监督管理局批准的规范的自体骨髓间充质干细胞（MSCs）产品。

三、基因工程技术

2007年，通过发掘和利用中国丰富的生物遗传资源，开展基因操作核心技术研究，获得了一批具有自主知识产权和重大应用前景的功能基因和技术专利。选择了约500个高血压重要候选基因的SNPs，应用基因芯片完成了972例高血压病例对照个体的全基因组扫描，筛选出了约1 500个SNPs。获得苏云金芽孢杆菌新型杀虫基因3个，杀虫增效蛋白基因1个，新型抗魔芋软腐病蛋白基因1个。克隆的7个新基因、获得Bt杀虫基因命名会的正式命名；获得具有自主知识产权、明确杀虫活性、有应用前景的新基因2个。发现GSK3b可特异性地磷酸化ataxin-3的S256位点，该靶点可能成为潜在的治疗靶位；确认了APP695蛋白N端为老年痴呆症治疗的潜在药物靶点。

四、药物分子设计技术

生物信息系统集成及应用平台已成为国内生物学家“一站式”信息访问门户，主站点月平均访问次数超过 1 500 万。

商业化推广了药效团数据库—— PharmaCoreDBv1.0，具有数量大、种类全、质量高的特点，并已应用于药物研究。

针对重大疾病开展防治药物研究，结合应用完善药物分子设计技术，初步形成了研究一代、储备一代、产业化一代的自主创新品种梯队。主要药品研发进展如下：

“洛铂”是中国第一个通过引进技术二次开发成功的抗肿瘤药物，已应用于慢性白血病、晚期乳腺癌和小细胞肺癌，年销售额已达 2 600 多万元。

艾迪康唑是自主创新的抗真菌感染药物，目前已完成I期临床试验研究及中试放大生产工艺研究。

西达本胺是具有自主知识产权的新型靶向恶性肿瘤药物，现处于I期临床试验后期阶段。从试验结果分析，该药安全性高、疗效明确、联合用药潜能大。

川丁特罗属 β_2 受体兴奋剂类抗哮喘新药，已完成了 I 期临床研究，现已取得 II 期和 III 期临床许可，并正开展研究，该药已获得中国、俄罗斯、欧洲、中国香港、日本专利授权。

盐酸氯苯哌酮是具有自主知识产权的一类创新药物。它不仅具有较强的抗炎活性和较低的毒性，而且对胃肠黏膜损伤具有明显的保护作用。

第三节
新材料技术

一、智能材料设计与先进制备技术

双扫描雾化新型喷射成形技术。研究了不同类型喷嘴气体流场、雾化后金属颗粒的质量分布规律；通过“逆推法”实现了沉积坯生长形状的精确描述；建立了单喷、单喷扫描、双喷、双喷扫描等不同条件下的沉积模型；提出了“温度控制法”来降低大尺寸沉积坯中的热应力、消除热裂纹减少微观疏松；成功制备出 GH738 高温合金和 T15 高速钢喷射成形沉积坯，晶粒细小、均匀，相对致密度可以达到 98% 以上，是目前世界上公开报道的最高技术指标。

二、高温超导与高效能源材料技术

◎ 低成本柔性铜铟硫薄膜太阳电池

开发了一种工艺简单、成本低廉、安装方便的高性价比铜铟硫（CIS）薄膜电池技术。铜铟硫

图 5-1　位于奥林匹克体育公园中心区的铜铟硫太阳电池并网发电系统

薄膜太阳电池具有材料消耗少、制备过程对环境友好的特点，是极具市场竞争力的低成本薄膜太阳电池。目前铜铟硫电池的光电转换效率达到7%，电池的成本为1.2美元/WP。已在奥体中心区设计安装了国内第一个 20 kW 铜铟硫太阳电池并网发电示范系统。

◎ 中国第一根 MgB_2 千米长线研制成功

高临界电流、高稳定的长线带材是 MgB_2 超导磁体应用的基础。通过优化粉体制备技术、包套材料选择、导体设计及粉末套管法加工技术，解决了千米级多芯导线加工中的断芯和界面不均匀难题；开发出分步反应制备元素掺杂 MgB_2 超导体的新方法，获得了稳定制备多芯 MgB_2 超导线带材的完整粉末装管法（PIT）技术，并成功制备出 550 m 长掺杂 MgB_2 超导线带材，工程临界电流密度在 20 K、3 T 下达到 2.4×10^4 A/cm^2，长线的临界电流密度处于世界先进水平。近期，又成功制备出国内第一根 MgB_2 千米长线，使中国成为继意大利、美国后第三个具备生产千米量级 MgB_2 线材的国家。

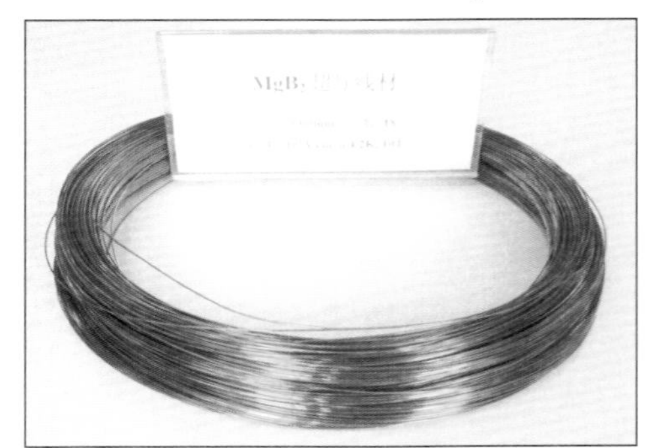

图 5-2　中国第一根千米级 MgB_2 导线

◎ 35 kV 超导限流器挂网试运行

研制成功35 kV饱和铁心型超导限流器样机，并在云南昆明开始了挂网试运行。系统测试表明，该样机达到了设计要求，性能良好，是世界上挂网运行的电压等级最高、容量最大的超导限流器。

三、纳米材料与器件技术

◎ 荧光聚合物纳米膜爆炸物痕量探测器

设计合成了对TNT等常见炸药敏感的聚合物传感材料，其纳米膜的荧光强度在10 ppb的TNT气氛中，30秒内聚合物荧光的淬灭幅度超过50%，满足探测仪的研制要求。开发出敏感元件的聚合物纳米柱结构，研制成功台式、手持式的痕量炸药探测仪，检测下限达到 0.1 ppt。

◎ 用于艾滋病诊断的新型纳米快速检测技术及产品

研制出超顺磁和荧光纳米材料标记的艾滋病检测试纸。得到粒径50～90 nm，粒径分布小于15%，磁性物质含量大于70 wt%，表面羧基密度大于0.2 mmol/g的羧基磁微球以及粒径为100～200 nm，磁性物质含量可控(30～70 wt%)的氧化硅磁性微球。以此为标记材料，研制形成的纳米超顺磁HIV 1/2型快速定量检测试纸，检测性能达到国家标准血清盘的检测标准，准确率在99%以上。建成年产6 000万条的HIV 1/2型检测试纸生产线，并已实现批量生产。

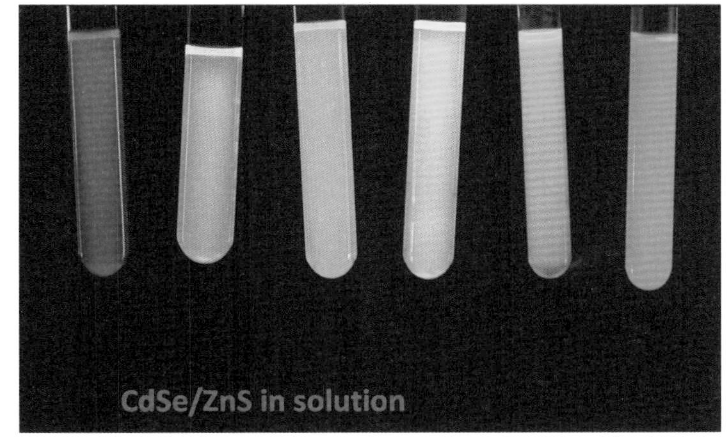

图5-3 各种水溶性荧光纳米品

荧光纳米品方面，获得了高质量、高稳定性和低成本的CdSe及CdSe/ZnS核壳结构等水溶性荧光纳米品，其发光范围在400～900 nm，量子产率可达50%以上，粒径分布小于5%，水相下室温可放置1年以上，其表面实现了功能化，连接—COOH、—NH_2、—OH等，成本降低80%以上。

四、光电信息与特种功能材料技术

◎ 大型复杂激光放大器及其关键技术

脉冲高增益放大器的最高放大倍数达到100倍，稳定放大倍数达到60倍，远超国内同类器件稳定放大倍数30倍的水平，大大提高了整个装置的效率。

◎ 光子晶体光纤及器件

采用有效折射率法和有限元法对光子晶体光纤进行了理论分析和结构设计，解决了该类光纤的关键制备工艺瓶颈，实现了光子晶体光纤的精确制造。采用该项技术研制的高非线性光子晶体光纤纤芯达到1.5 μm，非线性系数达到112/（W · km)，高非线性光子晶体光纤已实现批量制造，其结构和性能已达到国外同类产品的最先进水平。

◎ 量子级联激光器

研制出了波长为4.8 μm的室温大功率应变补偿量子级联激光器，输出功率大于1.5瓦；研制出了超低阈值的应变补偿量子级联激光器，在81 K下的阈值电流密度仅为0.13 kA/cm^2；研制出了波长为7.4 μm和5.72 μm的高性能应变补偿量子级联激光器，连续工作温度达265 K。

五、高性能结构材料技术

◎ 重载铁路列车用车轮钢及关键技术

研制出能有效缓解车轮热致剥离、防止热裂纹等热损伤缺陷产生、强硬度性能指标明显优于原有同级别低硅钢的新材质重载车轮；开发出一种适合于中高碳高硅钢材质的新型热处理工艺，明显改善了重载车轮的初期服役性能。新材质重载车轮通过了提速货车17万公里可靠性运行试验后，被装上大秦线C80型系列货车进行装车运行考核。截至2007年底，试验车轮已累计运行5万多公里。2007年实现出口超万件，销售收入8 000多万元。

◎ 大型复合材料结构件真空导入成型关键技术

采用国际主流的真空导入灌注成型工艺和先进气动外形设计，研发了配套1.5兆瓦级风电机组的40.2 m风机叶片。该叶片是针对中国低风速区域广泛的风力资源特点专门开发的，可在III类风况（国内III类风区占整体风资源比例高达50%）、平均风力较小的内陆环境使用，只需3 m/s的风速即可启动。这是目前中国自主研制的尺寸最长的1.5 MW风机叶片，并形成规模化生产能力，工艺技术水平和产品性能均达到国外同类产品水平，与国外同类产品相比，可节省20%的采购费用。

图5-4　重载铁路列车用车轮

第四节
先进制造技术

一、机器人技术

◎ 中国极地科考机器人

在第24次南极科考中，首次试验成功了具有自主知识产权的“低空飞行机器人”和“冰雪面移动机器人”。其中，低空飞行机器人在150米高空成功进行了两次15分钟25公里的低空稳定飞行，圆满完成了科考任务；冰雪面移动机器人成功地进行了机动能力、环境适应能力、防水能力的试验以及模拟冰川移动测量等科考任务，标志着中国极地科考机器人的研究及应用进入一个新的阶段。

图 5-5　冰雪面移动机器人

◎ 多传感器仿人灵巧手

中德两国研究人员合作研制成功4指和5指灵巧手。驱动内置型4指灵巧手在集成度、外观、灵活性以及友好软件环境等方面已达到国际领先水平，目前已应用于国内外大学和研究机构，系统稳定可靠。5指仿人灵巧手与人手相近，由5个结构相同的手指和一个相对独立的手掌构成，共有15个自由度，总重量1.5 kg。采用集成化、模块化设计，每个手指具有4个关节、3个自由度，手指集机构、电气、驱动、传感器和控制器等为一体，具有位置、力/力矩、触觉及温度等多种感知功能，指尖输出力10 N。所有的机电、传感等部件均集成在手掌或手指内，实现了灵巧手的高度集成。

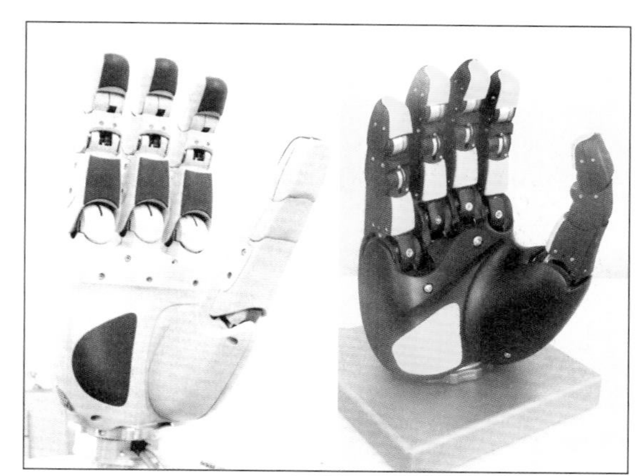

图 5-6　4 指灵巧手和 5 指灵巧手

二、先进制造与加工技术

◎ 大型高效节能活性石灰成套工艺技术及关键装备

活性石灰可使冶炼行业的能耗和料耗显著降低，并提高产品质量，可推动钢铁、氧化铝等行业的节能减排和可持续发展。该设备产量750～1 000 t/d，石灰活性度≥ 370 ml，残余CO_2 ≤ 1%，烟气排放温度≤ 250 ℃。目前该设备已在鞍钢、武钢、中铝等国内大型企业应用，打破了国外产品在该领域的垄断，提高了中国在该领域的市场占有率。利用该技术生产的高活性石灰年产量1 000万吨，每年节约炼钢成本33亿元，减少CO_2排放3 800万吨、废渣排放1 200万吨以上。

◎ 超大型自由锻造水（油）压机

15 000吨和16 000吨自由锻造水压机已经投产，研制的16 500吨自由锻造油压机已基本完成装配试制。目前，这3台水（油）压机可锻造600吨级特大型钢锭，锻件最大直径6.8 m、最大长度25 m，可实现高刚度、高强度和灵活响应，其结构、控制和装机水平等主要技术指标均达到或超过世界同类液压机最高水平。成功锻造了世界首支直径5.75 m的百万千瓦核电蒸发器锥形筒体、压力容器接管段等特大型锻件。

图 5-7　16 000吨自由锻造水压机

三、现代集成制造技术

◎ 全自动快速柔性冲压生产线

PLS4-3200-4500-2500全自动快速柔性冲压生产线是中国第一条具有全部自主知识产权的冲压线，主要用于汽车车身覆盖件加工。该生产线的生产率比过去提高50%，每分钟可生产12～14个大型冲压件。目前已为泰国SUMMIT、上海汽车、上汽通用、沈阳金客（宝马）等用户新生产同类生产线18条，每条冲压线平均售价7 000万元，实现销售收入12.93亿元。

图 5-8　全自动快速柔性冲压生产线

◎ 实时工业以太网 EPA 技术

通过联合攻关，解决了工业以太网通信的确定性、实时性、总线供电、大规模控制系统设计、网络安全、本质安全、网络高可靠性与高可用性、远距离传输、互可操作性、功能安全通信等10大关键技术，申请了30多项发明专利（其中10项已获得授权），提出了EPA（Ethernet for Plant Automation）新一代总线技术，开发了工业以太网分布式控制系统，并在化工、制药等生产装置上获得验证。

制定了拥有自主知识产权的EPA现场总线国家标准GB/T 20171－2006。经过5年的努力，EPA于2007年12月14日被国际电工委员会（IEC）发布为IEC 61158-3-14、IEC 61158-4-14、IEC 61158-5-14、IEC 61158-6-14等4项国际标准，并开发出中国第一款拥有自主知识产权的EPA芯片，这标志着中国在工业自动化领域的国际标准化方面实现了零的突破。

第五节 先进能源技术

一、氢能与燃料电池技术

◎ 制氢技术

甲醇重整制氢催化剂放大制备技术已经完成，将提供5～10 kW氢源系统样机，并与PEMFC联试进行长时间运行。

◎ 储氢及加氢站技术

研制了70 MPa高压氢瓶，已制备出样品。配合燃料电池汽车的示范运行，将建成中国第一套加氢站。同时，将提供高容量的系统储氢样机，并达到商品化水平。

◎ 燃料电池技术

完成了1 kW耐CO重整气电堆组装，建立了试验评价平台并进行了使用寿命试验。已开始10 kW电堆组装，将提供中国第一台使用重整气的5～10 kW质子交换膜燃料电池发电系统样机。

二、清洁煤技术

◎ 高灰熔点煤加压气化技术开发及工业示范

中国煤炭中高灰（平均23%）、高灰熔点（流动温度大于1 500℃）的煤占总储量的50%左右，急需研发适应高灰、高灰熔点煤的新型工业气化技术。启动了“高灰熔点煤加压气流床气化”和“加压灰熔聚流化床煤气化技术开发与工业示范”课题，将分别建设日处理1 000吨高灰（≥20%）、高灰熔点（FT ≥ 1 500℃）煤气化工业示范装置。目前两种技术已分别建成中试装置并取得了初步试验结果。

◎ 微型燃气轮机

完成100kW级微型燃气轮机样机研制，正在实施冷热电分布式供能系统应用示范，冷热电综合热效率可以达到70%～80%。1 MW级微型燃气轮机技术正在研制中。

三、可再生能源技术

◎ 风力发电技术

风电机组总装基地建设得到提升和发展，大功率机组用于北京2008年绿色奥运工程等项目。3兆瓦风电机组的总体设计、叶片、齿轮箱和直驱式风电机组永磁单轴承发电机设计等重要核心技术取得自主知识产权。齿轮箱、发电机、叶片等风电装备关键部件产能提升。在渤海辽东湾南部海域安装了中国第一台1.5 MW海上风电机组，填补了国内海上风电项目的空白。

◎ MW级并网光伏电站系统

完成6座示范电站的示范点落实、设计、关键技术研发；完成3种类型光伏组件和1种聚光电池组件的研制；完成了100 kVA以下系列并网控制逆变器，其中30 kVA逆变器已进行样机装配调试；完成3种类型（水平单轴、倾纬度角单轴和双轴跟踪）光伏跟踪系统研制（3.3 kW × 3）。预期6座电站将在2010年投入示范运行。

图5-9　MW级并网光伏电站系统

◎ 薄膜太阳电池技术中试

建成0.3 MW级碲化镉薄膜太阳电池中试线，0.1 m^{2}电池效率最高达到8.25%。完成铜铟硒薄膜太阳电池中试线设计并进入建设阶段。非晶－微晶薄膜太阳电池技术取得突破。碲化镉、非晶－微晶薄膜太阳电池技术达到实施产业化示范的要求。

◎ 特大型水力发电机组投入运行

首台全国产化700 MW水轮机组在三峡电站正式并网发电，该机组采用全空冷技术，拥有全部自主知识产权。

四、核能技术

完成了应用中国自行开发的高温气冷堆技术的示范电站（200 MWe）工程实施点选择和工程前期研究，并已进入实施阶段。实验快堆（CEFR）工程正在建设中，其热功率为65 MW，试验发电功率达20 MW。

第六节 海洋技术

一、海洋环境监测技术

◎ 中程高频地波雷达

中程高频地波雷达第三代定型样机（OSMAR041）已稳定可靠地运行了一年，雷达的各项技术指标均符合或超过设计指标，可以满足业务化运行的要求。OSMAR041可以超视距探测（200千米）海洋表面流，提供高海况下海面风、海浪以及低速移动目标的数据，探测范围达4万平方千米。

◎ DTA-4000声学深拖系统

DTA-4000声学深拖系统在南海北部参加了国际海底光缆路由调查工作，在水下最长连续工作116小时，对约640 km的测线进行了探测。在海况超过4级的情况下，系统工作稳定可靠，获得了被测水域的地貌信息、地形和声速剖面数据，所提供的资料完整可信。这一成功标志着中国具备了制造具有国际先进水平的声学深拖系统的技术和能力。

◎ 合成孔径声呐水下掩埋物体探测

合成孔径声呐系统成功地完成了湖上试验，准确探测到了多个遗失已久的沉底和浅掩埋的水下小目标，获得了丰富的水下地形地貌声学图像数据。该系统的技术指标达到国际先进水平，中国已成为世界上少数几个掌握合成孔径声呐技术的国家之一。

二、海洋油气开发技术

◎ 深水半潜式钻井平台

启动了深水半潜式钻井平台关键技术研究课题，目标是突破 3 000 m 水深半潜式钻井平台设计和建造关键技术，形成自主设计与建造深水半潜式生产平台的技术能力，初步建立中国深水半潜式平台设计与制造技术体系。目前已完成总体方案设计、概念设计和基本设计工作，研究成果已应用于中国第一艘 3 000 m 水深半潜式钻井平台，该平台于 2007 年底开工建造，最大作业水深可达到 3 000 m，最大钻井深度可达 12 000 m，总体达到国际前沿水平。

◎ 海洋深水试验池

已基本掌握深海平台与系泊系统和立管系统的模型试验技术、深海平台环境载荷测试技术等一系列关键技术，初步形成具有自主知识产权、软硬件较为完善的深水模型试验能力和手段，并初步掌握深水油气开发工程试验技术，研究成果已应用于海洋深水试验池的建设中。

◎ 深水油气勘探

整体突破了深水高精度地震勘探采集、处理技术和装备关键技术屏障，完成了拖缆采集室内记录系统工程样机的研制、拖缆深度控制系统与水平控制系统原理样机的设计，进入集成测试及应用试验阶段；水下多缆三维定位技术的模拟实时数据传输速率达到 240 Mbps，同步精度高于 30 ns。

三、深海探测与作业技术

◎ 天然气水合物样品

首次在南海成功钻获天然气水合物实物样品，这是中国天然气水合物勘探开发取得的重大突破，中国成为世界上第四个获得水合物实物样品的国家。

◎ 海底热液硫化物活动区域

中国大洋第 19 次科学考察在西南印度洋成功发现新的海底热液硫化物活动区域（“黑烟囱”），这是世界上首次在西南印度洋中脊和超慢速扩张洋中脊发现并“捕获”海底热液硫化物活动区及其样品，实现了中国在该领域零的突破，标志着中国已进入世界上发现洋中脊海底热液活动区的少数先进国家行列。

四、海洋生物资源开发利用技术

用于缺血性中风的注射用海参多糖药物提前进入III期临床研究。抗老年痴呆971药物的I期临床研究即将完成，目前已与国外医药公司达成初步转让协议，这将是中国第一个进入国际技术市场的海洋药物。在国际上首次完成了关于嗜盐古菌PHA合成酶关键基因的研究，克隆了极端嗜盐古菌生产生物可解降塑料PHA合成的关键基因。

第七节 资源环境技术

一、矿产资源高效勘察与开发利用技术

◎ 电磁探测理论

在国内外首次将基于Coulomb规范下电矢量势（A）－磁标量势（Φ）的地电磁场计算方案与自适应有限元相结合，为大地电磁快速高精度正演奠定了理论基础。

◎ 成矿多元信息提取

完善了C-A、S-A、MSVD、W-A多重分形异常分离模型；建立了奇异性地质统计学理论方法体系和奇异性数据的插值方法；提出了新的分形模糊证据权法和奇异性证据权方法，提高了GeoDAS软件性能和在矿产资源评价领域中的应用能力。

◎ 安全高效开采矿

获得一些有应用价值的模型、计算机软件、预警技术，进行了地下无人采矿设备状态监测、故障诊断、高精度定位技术和智能化无人操纵铲运机的模型技术研究，完成铲运机视距遥控系统的设计和定制等。

◎ 高效选矿技术和绿色无毒低毒选矿药剂

初步建立了主要选冶药剂的分子结构与药剂性能、安全与毒性的数据库，推出了几种新药剂的结构，并在实验室合成了选矿新药剂5种、新萃取剂2种。

二、复杂油气资源勘探开发技术

◎ 高精度油气地球物理与化学勘探

首次用欠平衡滤波法提取重磁弱异常，开发了重磁电资料的三维可视化处理和解释技术；初

步实现了保幅的单程波方程叠前深度偏移，建立了起伏地表条件下的波动方程频率空间域有限差分法叠前深度偏移方法。

◎ 稠油开发利用

首次合成了系列含氧丙烯链节的非离子－阴离子两性表面活性剂，提出了采用油膜剥离速率作为评价驱油剂的一项指标；发现了裂缝－孔隙双重介质中蒸汽驱油的一个新机制，进行了特超稠油分子聚集解聚体系的结构表征及性能评价和基本物理化学性能测试。

◎ 煤层气勘探开发

初步查明了多相煤介质吸附/解吸特性及其渗透率变化的基本规律；初步形成了适合中国煤储层特点和地质条件的压裂裂缝发育模拟技术；制造出单柱自动化控制的动力学变压吸附（PSA）仪器，煤层气原位探测仪样机的组装与室内测试。

◎ 油气安全输送

研制了车载天然气管道泄漏激光遥感探测仪，形成了高频频率调制光谱技术；开发出4种不同磁场工作范围的强磁记忆传感器；初步形成光纤分布式传感器信号检测和处理技术，并研制出相应的技术模块。

三、环境污染控制与治理新技术

◎ 饮用水水质安全保障研究

重点研究了饮用水除铁、氟、硝酸盐和溴酸盐的原理、技术和方法，初步探讨了给水管网水质稳定性控制的技术，建立了水中絮体形态原位识别的方法，研究梯度催化氧化、催化电化学还原、纳米改性超滤膜、微絮凝等饮用水深度处理技术。

◎ 水环境污染控制与水体修复

筛选出几种性能优良的水生植物，并利用离子束注入技术改善提高了其处理能力；建立了凤眼莲等水生植物的遗传转化体系，分离筛选出更广泛宿主种群的溶藻微生物；开展了可强化富集氮磷的复合填料构造和研制实验，设计了能促进微生物繁衍和生态效应最大化的浮床。

◎ 机动车尾气净化

制备和合成了La-Co-Ce-O等多元介孔混合氧化物催化剂、不同氧化物载体的负载贵金属Pd的催化剂；制备出纳米金属催化剂、纳米铈锆固溶体储氧材料以及紧密耦合催化转化器的氢化物合金。

◎ 土壤污染控制与修复

筛选了能高效富集不同重金属的野生蕈菌和食用菌品种、能高效降解农药的优势菌种、适合中低度镉污染土壤种植的低吸收蔬菜品种、铅锌镉或铜的耐性植物；研究了丛枝菌根真菌对土壤中几种有机污染物阿特拉津、滴滴涕降解与植物吸收的作用。

四、环境监测与风险评价技术

针对持久性有机污染物建立了一系列化学检测和生物毒性测试方法；开发了多种毒害效应的体外测试方法，包括过氧化酶体增殖活化受体检测体系，检测体内核酸加合损伤和氧化损伤的第三代光电传感器等。

针对病原微生物，建立了环境介质中致病菌及病毒的富集方法，制备了多种致病微生物特异性抗体，设计合成了适用于生物芯片检测探针和PCR扩增的通用引物，研制了部分病原微生物测试的生物芯片和快速分离检验试剂盒。

针对环境内分泌干扰物开发了一系列性质与形态分析新方法，包括中空纤维膜保护－低损耗液相微萃取与HPLC联用技术等；开发了基于卵黄蛋白原的生物检测方法和雌激素荧光定量PCR检测方法，完善了利用中国稀有鮈鲫诊断环境内分泌干扰物的活体实验体系；初步构建了一套环境内分泌干扰物结构－环境水平－理化性质－生物效应－内分泌干扰活性QSAR模型数据库。

第八节 现代农业技术

一、农业生物技术

◎ 动植物功能基因组研究

克隆验证了一批具有重要应用价值的新基因和调控因子，其中控制水稻大粒性状的基因GW2增加粒宽26.2%，增加粒重49.8%，提高单株产量19.7%，在高产育种中展现重要应用前景；成功研制出水稻全基因组的覆瓦式芯片，应用芯片技术建立了水稻重要农艺性状的全基因组表达谱；开展了小麦、玉米、棉花、油菜、大豆、花生、番茄等作物的功能基因组研究技术平台的构建，对重要农艺性状相关基因进行克隆验证；建立了家蚕和家鸡的功能基因组研究技术平台，成功设计并制造出世界上第一张家蚕全基因组Oligo芯片。

◎ 农业生物药物研制

构建了重要农业生物药物新基因工程菌；研制了针对口蹄疫、禽流感、狂犬病、猪瘟等畜禽重大疫病的新基因工程疫苗菌株，其中5个新疫苗进入临床试验阶段。

◎ 海水养殖种子工程

发掘了一批重要生产性状关键基因，海水鱼虾性别控制技术得到进一步完善，显著增强了中国海水养殖前沿技术领域的研究水平，主要海水养殖生物的BLUP育种技术体系取得重要突破，应用BLUP育种技术建立了鲆鲽鱼的现代育种体系，有效地指导了鲆鲽鱼良种的快速选育工作，选育品系的生长性状和抗逆性状改良显著，生长速率比对照提高21%，成活率达到60%。

二、数字农业技术

构建了作物养分、水分胁迫和长势信息的反射光谱和荧光探测模型，提出了多源波谱信息的水稻、小麦、棉花主要病害田间光谱识别和温室作物病害图像识别方法。

初步构建了主要大田作物产量形成过程的协同模型、设施作物生长发育过程模型、林草生长发育与生态系统模型等；建立了作物空间结构的定量化方法体系，提出了作物结构－功能－环境互作模型框架，建立了作物虚拟设计技术平台。

提出了林草分布图聚合技术，建立了农业知识流区域空间聚类与影射演算模型，在农业知识共享和协同处理方面实现了重要突破，在此基础上建立了粮食数字化管理系统，在14个主要粮食省份得到应用示范。

制定了零售单元溯源条码编码规范，开发了溯源条码生成与打印中间件，实现了条码的生成与生产流程的无缝集成，建立了主要农产品质量安全溯源系统，并在一批超市和销售企业得到应用示范。

三、食品生物技术

蛋白质分子修饰技术研究取得重大进展，蛋白质的物理、化学和酶法修饰技术的全面突破，为改善大豆蛋白、小麦面筋蛋白等低值蛋白质的功能性质、拓展应用范围和提高附加值提供了很好的技术基础；建立了中国第一个原创性的乳酸菌菌种资源库，为益生菌制品的开发奠定菌源基础；功能性低聚糖转化用酶的创制及低聚糖纯化技术取得重要进展，研发出D-塔格糖、乳果糖等功能性低聚糖，使中国功能性低聚糖的研究开发能力跻身世界先进行列；16家企业参与项目实施，使企业的技术创新能力和产业技术成果辐射能力得到进一步提升，组建了一批国家级产业技术研究中心和产业示范基地。

四、先进农业设施技术

◎ 准农业技术装备

研发出适合中国农业机械装备的总线技术，解决了不同农机装备控制设备相互不兼容的问题；研究了适应中国分散和规模经营条件下的精准农业生产所要求的精准农业专用控制系统、水稻智能对行插秧机、小麦收获机械智能测产系统、圆盘式变量施肥抛撒机具和变量自动配肥施肥机具等关键技术装备。

◎ 设施温室环境监控技术

设计了温室精准智能决策与控制系统的分层递阶系统结构，建立了以植物生长信息为驱动源、专家知识推理与环境栽培控制策略相协调，并由控制器负责各环节实施调度的二级精准调控的管控一体化模型，较好地解决了温室多变量、复杂控制、精准调控的技术问题，实现了设施环境的精准监控和精准化生产。

◎ 温室设施配套作业技术装备

研制了温室设施配套作业的移动式无土栽培基质消毒与营养液循环再利用、温室精确育苗与钵苗移植设备的关键装置，为设备研制奠定了基础；研究了嫁接用大粒种子定向播种、多株快速嫁接、健康苗识别、定位和快速移钵等技术。

五、循环农业技术

在作物抗旱节水品种、作物水分补偿与非充分灌溉技术、大田降水高效转化利用技术、再生水和海水资源利用技术等前沿领域取得一批前沿技术，在智能控制灌溉、作物水分信息采集、地下滴灌和微压滴灌产品、多功能喷灌、高效保水剂等方面研制开发出一批新产品及新工艺。

初步筛选出了主要农作物抗旱节水生理指标与表观指标，发现叶片相对含水量是反映作物逆境条件下水分状况的重要指标；找到了与水分胁迫应答蛋白基因相连锁的分子标记，创建了3套冬小麦抗旱品种组合；初步提出了通过控制内源激素和水通道蛋白调控作物抗旱节水的新技术，2个抗旱节水小麦新品种通过国家审定，抗旱节水效果突出。

研制了可刺激作物根系生长的RAD调节剂，施用后可提高粮食作物产量20%以上。研制出保水－赋肥功能一体新材料、多功能多元矿物质节水制剂、玉米和马铃薯专用保水剂，吸水性能强，性价比高。提出了以小麦、玉米秸秆等农业废弃物为主要原料的土壤扩蓄增容剂配方8个，大田初步试验取得节水40 m^3/亩，增产10%的效果。

第九节 现代交通技术

一、汽车前沿技术

◎ 节能与新能源汽车关键零部件

低压燃料电池电堆动态寿命提升，单堆动态循环工况累计运行900小时，预测寿命可超过2 000小时，可实现－10℃储存；镍氢动力蓄电池常温搁置28天，荷电保持能力从75%提高到95%，高温55℃下搁置7天后由60%提高到70%；新型锂离子动力电池功率密度由1 220 W/kg提高到2 000 W/kg，在接近30倍率放电情况下，表面温升仍能符合车用要求；电机系统功率覆盖了200 kW以下范围，小批量装车的ISG电机高效区明显拓宽，效率≥80%高效区占到了80%以上；掌握了LNG气瓶的开发、生产制造技术，LNG气瓶的泄露率每天1%～3%，接近国际先进水平。

◎ 汽车发动机

研制出轿车缸内直喷汽油机（GDI）和重型柴油机样机，突破了轿车汽油机直喷控制技术和柴油机电控技术及排放控制技术，GDI发动机的EGR率达30%以上，重型柴油机达到国四排放水平。

◎ 汽车关键零部件

形成了多档大扭矩机械自动变速器（AMT）开发的成套技术和轿车双离合器自动变速器（DCT）开发技术。突破了AMT和DCT的电控技术，开发出自动变速器电控TCU，研制出干式和湿式DCT功能样机及重型商用车自动变速器产品样机。

◎ 新能源汽车动力系统与整车技术

混合动力客车经过示范运行的考核验证，开始小批量产业化。混合动力轿车在微混合与轻度混合动力系统技术方面取得突破，多款混合动力轿车产品下线。使用大容量锂离子动力蓄电池的纯电动客车动力系统集成与适应性、可靠性、安全性等全面提高，代表了当代纯电动大客车的先进水平。燃料电池轿车技术进展迅速，形成新一代动力系统平台并适配不同车型。燃料电池客车在突破耐久性、安全性等瓶颈技术方面取得进展，在世界上首次开展整车氢电安全系统碰撞试验并取得满意效果。

二、高速磁悬浮技术

在高速磁浮系统集成、悬浮导向控制、牵引供电、运行控制、车辆设计与制造等方面取得了重要突破。利用自主研制的高速磁浮车辆、牵引供电系统、运行控制系统以及线路轨道系统建成由一辆车、一条试验线路和一套配套的牵引供电和运行控制系统组成的全长1.5 km的高速磁浮交通试验系统，完成了系统集成调试和试验运行。

图 5-10　高速磁浮交通试验系统

三、智能交通技术

◎ 智能化交通控制

初步形成交通信号控制系统的成套技术。突破了网络交通信号控制技术，研制出混合交通自适应信号控制系统，在北京、青岛部分路段开展应用。

◎ 智能公路技术与安全辅助驾驶

研制出车路诱导系统和汽车安全辅助驾驶技术。开发了磁性标记诱导、车路协作等技术，实现了车辆车道自动保持以及车路信息交互等，已应用于新疆的道路扫雪车辅助驾驶系统。突破了汽车安全辅助制动、车间距保持、目标车辆识别、运动信息获取等技术。

◎ 公交优先保障

突破了快速公交系统优化调度和控制技术。开发了路口通行能力数据采集技术和公交专用道信号优先控制技术，通过北京市BRT和公交优先示范运行，高峰时段BRT全程行程速度达到23.5 km/h。

四、其他交通技术

◎ 千米级斜拉桥设计与施工

千米级斜拉桥——苏通大桥（主跨1 088 m）位于长江河口地区，存在水文条件差、气象条件复杂，基岩埋藏深、通航标准高等建设条件方面的特点和高、大、长、柔等结构方面的特点。苏通大桥创造了最大群桩基础、最高桥塔、最大跨径和最长拉索4项世界纪录。

◎ 长大跨海桥梁设计与施工

杭州湾大桥是目前世界上已建或在建的最长跨海大桥，总长36 km。在建设过程中形成了外海长大桥梁设计与施工的成套技术，在新结构、新材料、新设备、新技术和新工艺方面取得了250多项创新成果。

图5-11　世界上最长的跨海大桥——杭州湾跨海大桥

◎ 全电子控制智能型船用柴油机

HHM-MAN 6K80ME-C型智能电控柴油机采用智能电控技术，功率29 400转千瓦、转速104转/分、功率范围最大可达到97 300 kW（即13.232 8万转千瓦），可用于世界上最大的船舶。该项成果标志着中国在大型船舶推进动力装置制造上已与世界同步。

第十节 地球观测与导航技术

一、地球观测技术

◎ 新型传感器

在新波段及微波成像遥感器研究、先进毫米波观测技术、太赫兹频段探测技术、高精度非成像探测技术方面开展探索。采用Te溶剂方法生长了ZnTe单晶，并利用飞秒激光作用在一块ZnTe单晶上产生探测THz脉冲，辐射峰值位于2.5 THz左右，频宽接近5 THz。完成了中心频率在0.9 THz的具有等角螺旋天线的超导HEB混频器芯片和0.9/1.6 THz频段集成双槽平面天线超导HEB混频器芯片的设计。

◎ 遥感数据处理与分析

开展自动及高精度遥感数据几何定位技术、影像自动匹配技术、变化检测和自动更新技术、新型遥感数据处理、数据信息提取、动态遥感数据快速处理等技术的探索研究。依据高重叠度的三线阵影像，提出了一种基于物方的多像匹配算法，可有效避免高分辨率影像中重复地物特征造成的误匹配，成功率和可靠性均大大提高。

◎ 遥感数据应用

初步建立了多传感器虚拟组网、多源数据整合进行农情监测的技术方案，提出了新的技术方法。该项技术对国家级和区域农情遥感监测技术的提高具有实用价值。已初步在粮食种植面积遥感测量与估产、人口普查与调查信息空间统计管理与分析、经济普查与基本单位统计遥感应用3个方面取得了重大突破。突破了统计遥感基本空间单元构建与转换技术，完成了基于格网的人口数据空间转换模型，实现了对以行政区为单元的人口数据和以公里格网为单元的人口数据间的相互转换。

二、导航定位技术

◎ 导航定位技术理论研究

提出了利用载有GNSS接收机的卫星、地面或星间可跟踪的卫星、静态的地面跟踪站和动态卫星及天体来共同建立和维持中国自主的全球导航时空基准，实现静、动态跟踪相结合，天地空一体化的维持全球导航时空基准模式。

◎ 导航数据处理方法

研究了大范围、长距离地面站网以及多星联合的载波数据精密处理理论，提出了多地面站和多低轨卫星联合快速处理方法，实现了精密星间相对定轨方法，开发了具有自主知识产权的精密定位定轨软件，实现了GPS和低轨卫星的精密定轨，对GPS卫星的定轨精度达到了3～4 cm，对国外的CHAMP、GRACE等低轨道对地观测卫星定轨精度达到了2～3 cm，与轨迹最高水平相当。

◎ 导航定位应用技术

开展了精密单点定位和大范围长间距GNSS网络RTK技术研究。在国际上首次提出了精密单点定位整周模糊度固定方法，实现载波整周模糊度的固定，显著提高了短时精密单点定位的定位结果精度。

三、地理信息系统技术

◎ 空间数据管理与集成

启动了高可信地理空间数据库管理系统的研究，完成项目调研、需求分析和总体设计。突破了数据存储、空间索引、安全和事务扩展等，初步实现了基于国产关系数据库和对象－关系数据库管理系统的空间数据管理与集成，形成高可信地理空间数据管理平台原型。

◎ 地理信息系统平台

国产GIS软件平台在技术和产业化方面取得巨大成功，涌现了若干在国内外有相当影响的GIS软件品牌，占国内市场的70%以上，并开始走向海外。

◎ 地理信息技术应用

GIS在国土管理、城市规划、水利、农业、林业、公安、电力、电信、防灾减灾等领域获得广泛应用，国产GIS软件平台占了主导地位。如基于GIS的电网综合防灾减灾和应急响应系统已上线运行，在电网抗灾救灾中发挥了重要作用。

第六章

新农村科技进步

第一节　科技工作重点和基本安排

一、启动新农村建设科技示范工作
二、推动现代农业产业技术体系建设
三、实施科技工程和重大项目
四、促进新型多元化农村科技服务体系建设
五、加强民生科技工作
六、加强基层科技能力建设

第二节　农业关键技术与产品

一、农业高效生产技术与产品
二、食品加工与物流技术
三、农业防灾减灾技术
四、高效农用物质装备技术
五、农林生态技术

第三节　农村发展关键技术

一、农村新兴产业技术
二、城镇化发展技术
三、乡村社区建设技术

第四节　农村科技能力建设

一、农业领域国家工程技术中心
二、国家农业科技园区
三、农业科技（星火）“110”信息服务
四、星火产业带

第五节　农村科技成果转化与应用

一、农业科技成果转化
二、先进实用技术推广
三、新型农村科技服务体系建设
四、科技特派员制度
五、新型农民科技培训与科学普及

第六节　促进农村发展科技行动

一、新农村建设科技示范（试点）工作
二、科技富民强县专项行动计划
三、科技兴县（市）工作
四、科技促进三峡移民开发工作
五、科技扶贫

依照“十一五”的开局部署及中央经济会议和中央农村工作会议的精神，2007年农村科技工作充分发挥科技在社会主义新农村建设中的引领和支撑作用，突出重点、全面推进，在农业科技的重要领域取得了新突破。

第一节 科技工作重点和基本安排

一、启动新农村建设科技示范工作

按照新农村建设的要求，统筹考虑农村生产发展、农民生活质量提高、农村生态和人居环境改善等，继续推动“新农村建设科技促进行动”，从村、乡镇、县（市、区）三个层次开展科技示范（试点），推动一批依靠科技创新建设社会主义新农村的示范，探索科技促进新农村建设的模式，充分发挥科技在新农村建设中的示范引导作用。

二、推动现代农业产业技术体系建设

围绕农业生物技术、农业信息技术、农业智能装备等前沿技术，全面开展功能基因研究、分子与细胞育种、海水养殖设施、农业生物药物创制、农业节水技术、农业生产环境修复技术研究。并首批选择水稻等10个大宗农产品进行现代农业产业技术体系建设试点。

三、实施科技工程和重大项目

围绕国家粮食、食品和生态安全等重大问题和农村产业发展，继续实施“粮食丰产科技工程”，组织实施“重大动物疫病防控”、“海洋渔业与滩涂开发”、“食品加工与安全”、“农林生态环境”、

“农村小康住宅”、“农村乡村社区建设”等一批科技工程和重大项目，为全面提高农业综合生产能力和农村经济发展建设提供有力科技支撑。

四、促进新型多元化农村科技服务体系建设

联合人事部、农业部大力推动科技特派员工作，创新机制，营造环境，积极营造有利于科技特派员工作和创业的环境。继续推进农业专家大院、星火110、农村经济合作组织等新型农村科技服务模式，有效促进新型多元化农村科技服务体系的形成和发展，不断完善新型农村科技服务体系。

五、加强民生科技工作

围绕“生产发展、生活宽裕、乡风文明、村容整洁、管理民主”的新农村建设要求，启动“新农村建设民生科技促进行动”，提出社会主义新农村民生科技促进行动的指导思想与发展目标、总体部署和重点任务以及组织与实施保障。

六、加强基层科技能力建设

继续选择一批具有典型意义和较强带动作用的县（市）实施科技富民强县专项行动计划，培育和壮大一批具有较强区域带动性的特色支柱产业，促进农民增收致富；认真做好全国县（市）科技进步考核工作，整体提高基层科技支撑能力。

第二节
农业关键技术与产品

2007年，按照中央一号文件关于积极发展现代农业、扎实推进社会主义新农村建设的要求，以提高农业综合生产能力，保障国家粮食安全、食物安全和生态安全为总体目标，大幅度强化了农业关键技术与产品研究，取得了显著成效。

一、农业高效生产技术与产品

◎ 高新技术育种

利用SSR标记、AFLP分析等高技术发现了一批重要的新基因/QTL。检测到了小麦抗旱相关

QTL，野生水稻抗病虫QTL和大豆、油菜、棉花的优质、高产、抗逆QTL。

在超级杂交稻选育方面，育成超级稻品种“协优107”和“国稻6号”通过国家审定；在棉花抗病育种方面，首创2个棉花高抗枯萎病抗原，并育成了包括“中棉所38”在内的一批棉花抗病品种；玉米单交新品种“郑单958”获得2007年度国家科技进步一等奖。

◎ **农业优质高效生产**

集成创新了水稻精确栽培、机械化轻简栽培、小麦玉米周年一体化配套高产高效技术、玉米机械耕作保墒保苗精量播种高产栽培技术等近100套具有区域特色的三大作物丰产技术，在全国12个粮食主产省建立了核心试验区、技术示范区、技术辐射区共3.21亿亩，增产粮食772.49万吨，增加经济效益109.31亿元。

以优质良种和现代机械化为载体，形成了大豆机械化“深窄密”栽培、油菜免耕栽培、春花生机播覆膜高产栽培、马铃薯间套作高效栽培等多种经济作物栽培技术模式。

图6-1　小麦模式化超高产栽培

图6-2　袁隆平院士考查粮食丰产科技项目

◎ **健康养殖技术**

开发出了无药残猪预混合料配方、低污染猪预混合料配方和优质功能性猪预混合料配方。研发了猪场污水固液分离技术。开发出低胆固醇鸡预混合料配方。通过结构比选试验和系统优化设计等研究，在离岸网箱高效养殖技术和海湾网箱健康养殖技术方面取得重大进展，解决了牙鲆鱼性别控制和全雌化规模化育苗的关键技术问题，形成成套技术。

二、食品加工与物流技术

◎ **食品加工技术**

2007年，在食品冷加工技术与装备、抗污染膜和自清洁膜分离系统、连续工业色谱分离技术

图6-3　长春大成新资源集团20万吨/年化工醇生产装置

与装备、新型高阻隔性能和环保包装材料等核心技术与装备研究方面取得重大突破，使我国成为少数几个可以制造食品冷加工、高效节能干燥等大型连续成套高技术设备的国家之一。

建立了世界最大的年产20万吨玉米化工醇生产线、亚洲最大的年产3 000吨苹果果胶生产线、国内首条年产3 000吨的膜分离食品级磷脂生产线、年产10 000吨甘薯淀粉生产线、年产3 000吨马铃薯雪花粉生产线、年产20 000吨酒精连续浸提大豆浓缩蛋白生产线。

◎ 农产品现代物流

在加强农产品产后品质劣变调控、病害控制技术研究的同时，更加突出安全绿色储粮、农产品绿色供应链和现代物流保鲜等技术集成和应用示范，为大幅提高农产品质量和安全性，保障大宗粮油产品的有效供给提供了科技支撑。

三、农业防灾减灾技术

◎ 农业气象灾害监测预警及调控技术

建立了1∶25万国家基础地理背景数据库，1∶100万全国土地利用、植被类型等数据库；建立了农业气象灾害评价指标体系；利用

专栏6-1　玉米化工醇工业化生产

以玉米初步加工所生产的葡萄糖为基础原料加工成山梨醇，然后对山梨醇进行氢解生产出多元醇产品的工艺在国外虽有报道，但一直没有工业化。中国研究人员通过多种化工技术的融合，建立了从玉米为原料预处理，经初步加工，再化学深加工的工艺路线，突破了化工醇生产的关键技术——氢解技术，研制了相应的催化剂及工业化生产技术，掌握了以淀粉为原料生产有机化工醇的成套工艺技术，建成了1 000吨/年的裂解山梨醇催化剂工业制备装置，建成了世界首条20万吨/年化工醇生产的工业化示范装置和生产线，并实现稳定运行。

EOS/MODIS遥感监测作物缺水指数（CWSI）、温度植被干旱指数（TVDI）等农业气象灾害数据；抗旱、抗低温制剂形成了数条中试生产线，实现了农业重大气象灾害综合服务技术的有效集成。

◎ 农林植物病虫害监测预警与综合治理

研究明确了棉铃虫、稻飞虱、稻纵卷、旋幽夜蛾、叶螟等害虫的迁飞行为，建立了农作物病虫害监控信息发布系统以及农业病虫害预测预报系统；研究实现了天敌昆虫捕食螨的规模化生产与应用、天敌微生物白僵菌的生产工艺与应用。提出了适合不同区域的重大病虫害防控配套技术体系，推广应用林业原生性生物灾害防控技术累计超过40万亩。

◎ 外来生物入侵评估与早期预警

研究补充了50余种外来入侵杂草的信息资料，完善了近400余种外来入侵物种数据库，构建了20多个初级查询项目，并与植被、地理、气象环境等辅助数据库实现了链接和共享。针对已入侵物种豚草、水花生、椰心叶甲、松材线虫病等，开展了其区域减灾、持续治理技术及应用示范的研究。首次揭示了“超级害虫”B型烟粉虱的生物入侵机制。

四、高效农用物质装备技术

◎ 新设备、新装置

研制开发新设备、新装置53台（套），完成“农业机械化水平评价第一部分——种植业”和“自行式苗木移植机（草案）”等2项行业技术标准及9份研究专题报告。其中，“高速插秧机的机构创新、机理研究和产品研制”获2007年国家技术发明奖二等奖。

研究开发了不同作物、不同地区、不同种植制度下防飘喷雾、恒压喷雾与液力喷雾技术、风

图6-4　复式少耕整地机

专栏6-2 农业装备产业技术创新战略联盟

农业装备产业技术创新战略联盟是2007年6月10日启动的首批四个产业技术联盟之一，由中国农业机械化科学研究院、中国一拖集团有限公司、山东时风（集团）有限责任公司等8家行业骨干企业，以及相关高等院校、科研单位共同发起。联盟涵盖了农业装备主要技术与关键产品领域，其中8家企业总资产占全行业1 500余家规模以上企业的33%，生产销售额占全行业规模以上企业销售总额1 300亿元的44%。联盟以契约形式，合作研发、共担风险、共同受益、联合竞争。重点开展农业装备产业战略性高技术与共性技术研究、重大产品关键技术合作开发和重大产品联合创制，实施农业装备标准和知识产权战略，为现代农业和社会主义新农村建设提供强大的装备技术支撑。

力辅助喷雾等高效施药技术装置；研制了精细筑床、苗木移植、步进自行手扶式高效割灌、陡坡绿化喷播设备；开发了基于阻尼振荡原理的乳品酸化变质非开包快速自动检测技术，研制了自动检测仪器，减少产品酸败对人体健康的不良影响；开展了高品质蛋白与油脂联产加工成套技术装备研究，研究高含油油料膨化预榨浸出和适温脱溶技术，开发大型高含油油料膨化、预榨和适温脱溶设备，并建立了示范生产线。

◎ **重点作物机械化耕作技术研究**

提出小麦、玉米、水稻等主要粮食作物机械化生产技术模式及区域发展格局，指导规模化与标准化种植；提出了适于机械化作业的玉米标准化种植模式和收获机械化技术模式，促进玉米收获机械化快速发展；在吉林、山东等地建立了玉米收获机械化作业试验示范核心区，在吉林、河南等地建立秸秆捡拾打捆收获作业机械化试验基地，在新疆建立了棉秆联合收获机械化作业试验区。

五、农林生态技术

◎ **耕地质量培育、农业资源高效利用**

初步探明了红壤旱地、砂姜黑土等土壤退化的主导因素,自主研制了5种具有改良、修复、改善红壤旱地的复合调理剂产品。开展了中微量元素有效性的区域化分布特征、肥料开发、高效施用及根际养分活化与调控技术研究；筛选降解复合菌近100株以解决针对禾本科作物秸秆难腐解的难题；探索出利用水稻秸秆发展冬季食用菌的稻－稻－食用菌发展模式。

◎ **农田污染综合防控技术研究**

围绕农田水、肥优化管理、有机废弃物资源化利用、农药替代、病虫草害综合控制、品种

图 6-5 利用水稻秸秆发展冬季食用菌栽培模式

筛选、污染土壤修复等示范内容，在示范区建设和技术集成层面上开展了相关研究，并取得了较好效果。

◎ **林业生态建设与林业产业发展**

开展了不同尺度流域防护林体系空间布局、小流域防护林体系对位配置研究，探讨了植物群落在不同尺度下的空间格局。建立速生丰产林示范基地 1 万余亩，构建了速生丰产林工程科技创新平台。营建了名特优经济林示范园和无公害实验林 6 570 亩。

◎ **水土保持与防沙治沙技术研究**

建立和完善了黄土高原北部水蚀风蚀交错区、丘陵沟壑区、西部宽谷丘陵区和南部高塬沟壑区 4 个生态示范区。调查了黄河流域典型地区的保护性耕作进展及其环境影响状况，初步完成了部分黄土高原水土保持耕作数据库建设。

第三节 农村发展关键技术

2007 年围绕扎实推进社会主义新农村建设的战略部署，在农村新型产业技术和乡镇社区建设技术方面取得了多项重要成果。

一、农村新兴产业技术

◎ 生物质资源培育技术

提高了我国桉树、杨树、泡桐、落叶松等大径材速生丰产林培育水平；获取了黄连木高油脂基因，建立麻枫树、光皮树优良品系的规模化示范种植基地；开发了吉甜3号甜高粱、油研11号油菜等新品种。

图6-6 麻枫树能源林示范基地

◎ 生物质能源技术与装备研究

开发了沼气规模化干法厌氧发酵技术与装备的重要核心技术；开展了新型秸秆预处理产沼气菌剂和发酵添加剂的户用沼气示范应用；在生物质气化可凝有机物裂解催化剂的制备及生物质高热值燃气制备工艺与设备方面也取得重要进展。

◎ 油脂资源综合利用生产技术研究

开发了新型甲酯化催化剂，使油脂的一次转化率从96%提高到99%，建成了5万吨/年示范生产线，并成功开发联产生物质增塑剂环氧脂肪酸甲酯，为替代我国目前大量使用的石化塑料增塑剂开辟了一条新途径。

◎ 木质纤维素生产功能糖产品及其综合利用

开发出酶解植物纤维工业废渣生产乙醇工艺技术、玉米心酶法制备高纯度95%低聚木糖技术、木糖废渣生产纤维素乙醇技术；突破了秸秆新型固态发酵和不添加酸碱的新汽爆技术，建成了国内外最大的100 m^3纯种固态发酵生物反应器，建立了国内外第一套以玉米心废渣为原料年产3 000

吨乙醇的工业装置。

◎ 农林生物质制造绿色建材新产品

开发了秸秆绿色建材的单元制备技术，突破了无醛生物胶粘剂的制备技术，完成了无醛葵花秆秸秆刨花板制备技术、无醛麦秸软质板制造技术以及烟秆刨花板轮盘新产品技术。

二、城镇化发展技术

◎ 农村新能源开发与节能

完成了真空管空气集热器和平板型空气集热器的优化设计。获得了小品种畜禽粪便（鸭粪、羊粪、兔粪）产气性能参数。开发了废水脱氮与沼气同时脱硫工艺（无氧生物脱硫工艺）。在农村低压电网集束导线配电模式方面，农村配电装置多功能测控装置研究与开发方面和农网电压无功优化控制方面，取得了一系列实用性研究成果。

◎ 村镇生态环境整治与监测

在镇域生态植被和景观建设技术方面提出了现代农业走廊景观建设标准，并指导北京迎奥运乡村景观建设，取得了良好的经济和社会效益。

◎ 小城镇综合管理地理信息系统（SuperTown）

以国产 GIS 软件为平台，形成小城镇综合的、基础的空间地理和非空间信息数据库。系统采用了全球最高分辨率 QuickBird 卫星影像，使管理者几乎可以在真实视觉环境下管理各类信息。

三、乡村社区建设技术

◎ 村镇饮用水处理技术

完成新型消毒剂、混凝剂开发、膜处理工艺、经济性生物预处理关键工艺的开发。通过对小城镇给水管网的水质稳定技术的研究，建立了小城镇给水管网的水质稳定评价体系，编制了管网管材选择与管道清洗的技术规程。

◎ 乡村建筑抗震与减震技术

提出了乡村建筑结构抗震的关键性构造措施；开发了乡村建筑结构减震新技术，包括砂垫层隔震技术、滑移隔震技术、金属阻尼器减震技术、复合减震技术，相关技术产品已经申报国家专利。

◎ 既有乡村建筑结构抗震的加固技术

针对乡村建筑结构特点，形成了 FRP 加固技术、消能减震加固技术、增层摩擦加固技术等完整技术方案，该项技术特别适用于遭受地震作用的震损结构加固改造工程。

第四节
农村科技能力建设

2007年，在继续加强和推进农业领域国家工程技术中心建设、国家农业科技园区建设和农业科技(星火)“110”信息服务建设等工作之外，首批启动的星火产业带建设也取得了显著成效。

一、农业领域国家工程技术中心

截至2007年末，农村领域国家工程技术研究中心（以下简称“工程中心”）总数已达到42个，其中2007年新组建了4个，全年共吸收外单位人员268人，兼职人员1 551人，培养科技人才4 397人，培训管理、技术人员和农民68.6万人，新增大型仪器设备65套。

2007年工程中心全年共承担各类国家项目689项，承担地方和企业委托的各类科研项目1 267项；获得技术成果465项，其中吸收依托单位成果193项，吸收外单位成果34项，转让成果101项。共获得专利122项，共投入资金6.82亿元，实现销售收入12.66亿元，技术转让的收入1.6亿元，出口创汇3 400万美元。

二、国家农业科技园区

截至2007年底，36个国家农业科技园区核心区建成面积64.30万亩，管委会机构人员总数达到5 821人，其中管理人员848人，科研人员2 280人，服务人员1 613人。园区吸引企业入驻大幅增长，区内现有企业总数为3 615家，其中2007年度入驻企业总数为446家。园区各项经济效益指标平稳增长，整体效益稳定提高，年总产值为809.70亿元，年利润额130.27亿元，年上缴税额38.68亿元，净利润86.87亿元，年出口创汇额33.27亿元。

图6-7　农业科技园区专家指导农业生产和录制访谈节目

2007年，国家农业科技园区引进项目403个，自主开发新项目352个，引进新技术540项，引进新品种1 895个，引进新设施2 821套，推广新技术660项，推广新品种870个。各园区加强了知识普及、人才培训、科技应用等方面的工作，增加了对科技人员和农民的讲座次数，组织科普讲座与座谈工作4 220次，其中面向农民讲座2 328次，园区开展技术培训班2 759次。

三、农业科技（星火）“110”信息服务

2007年全国有26个省（自治区、直辖市）开展了农技110信息服务，已有23个统一的省级区域热线服务号码，覆盖了900多个县、8 000多个乡镇，成为农村科技进步的重要推动力量。

为整合共享科技信息资源，在全国范围内统一农村科技信息服务电话号码，申请获批了星火科技12396公益号码，打造品牌，全面推动农村科技信息服务的条件已经具备。

四、星火产业带

星火产业带是在省（自治区、直辖市）乃至跨省区范围内，按照星火计划的宗旨，以市场为导向，以科技创新和机制创新为动力，以星火技术密集区和区域特色优势产业为基础，充分发挥地区间的互补优势，综合集成管理、资金、技术、人才等要素，优化资源配置，形成的开放型、科技型产业整体开发示范区。

首批启动的15个国家级星火产业带在2007年取得了明显的成效。一是发展思路和布局上有进一步提升；二是区域特色进一步突出；三是区域的联合上有进一步体现；四是星火产业带的地位进一步提高；五是持续发展的意识进一步增强。

第五节 农村科技成果转化与应用

2007年农业科技成果转化与应用工作紧密围绕发展现代农业、促进农业增效和农民增收的目标，扩大科技成果转化立项，积极探索并建立适应社会主义新农村建设的农业科技服务体系。

一、农业科技成果转化

2007年度，农业科技成果转化资金共立项489项，中央财政投入转化资金3.0亿元，带动地方、

表 6-1　2007 年农业科技成果转化资金立项情况

技术领域分布	立项数		投入情况	
	立项数（项）	比例（%）	经费数（万元）	比例（%）
种植业	160	32.7	9 310	31.5
畜牧业	36	7.4	1 980	6.7
水产业	34	7.0	2 000	6.8
林　业	33	6.7	2 130	7.2
植物保护	7	1.4	410	1.4
资源高效利用	36	7.4	2 025	6.8
农产品加工	81	16.8	5 315	18.0
农业装备	37	7.6	2 350	7.9
农业信息技术	16	3.3	1 010	3.4
生物技术及产品	26	5.3	1 580	5.3
农林生态环境	23	4.7	1 490	5.0
合　计	489	100	29 600	100

企业等投入配套资金 11.4 亿元。2007 年，圆满完成了 2004 年度立项项目的验收和 2005 年度立项项目的监理工作。2005 年项目和 2006 年立项的 930 项转化资金项目在 2007 年度实施进展顺利。项目在执行期内累计实现产品销售收入 281.25 亿元、技术服务收入 1.56 亿元、利润总额 41.11 亿元；交税总额 6.08 亿元；执行期出口创汇累计 2.56 亿美元；共获得专利 688 个，其中，发明专利 345 个；发表论文报告 3 148 篇，出版著作 175 种；共举办培训班 19 046 期，培训班人员达 361.9 万人次，培养初级以上人才 8 890 名，新增就业人数 207 037 人。

2007 年，在广西南宁成功举办了第四届中国－东盟博览会农村适用技术暨农业科技成果转化资金成果展，并以此为契机加大了对转化资金的宣传工作，扩大了农业科技成果转化资金的社会影响。

二、先进实用技术推广

2007 年科技部发布了《关于深入实施星火计划的若干意见》，对相关涉农科技资源进行统筹布局，加大对“三农”和新农村建设的政策引导支持。顺利完成了星火统筹、项目管理、农村信息化、科技培训、产业带建设、科技服务模式、新农村建设科技示范（试点）等年度目标。安排国家星火计划项目 1 834 项（包括一般项目和重点项目），支持重点项目 278 项。其中，新农村建设

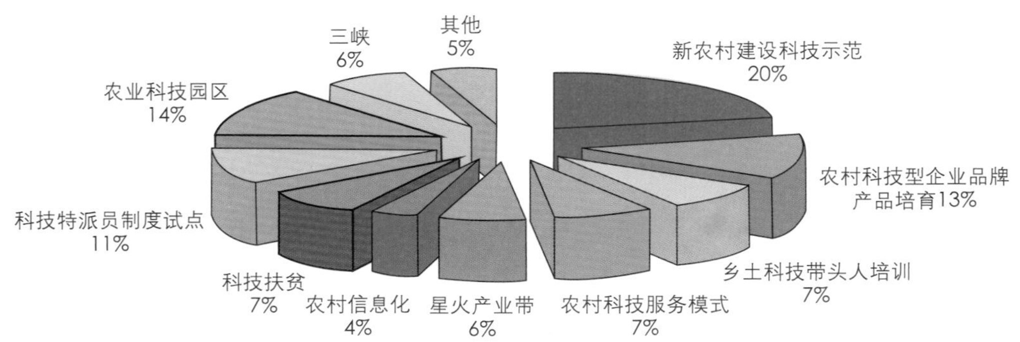

图 6-8　2007 年度星火计划重点项目立项情况

科技示范 59 项，农村科技型企业品牌产品培育 35 项，乡土科技带头人培训 20 项，农村科技服务模式 20 项，星火产业带 17 项，农村信息化 10 项，科技扶贫 19 项，科技特派员制度试点 30 项，农业科技园区 38 项，三峡科技专项 17 项，其他 13 项。

三、新型农村科技服务体系建设

随着农村市场经济体制的确立和不断完善，各地探索出许多的农村科技服务模式：一是龙头企业带动型，即农业产业化经营发展的“公司 + 农户”模式，龙头企业逐步成为农户生产技术服务的主要来源之一。二是农业科技示范园区模式。三是农村科技特派员制度和农业专家大院模式。

专栏 6-3　湖南双峰科技合作社

湖南省双峰县农村科技合作社的前身是由当地几个青年农民于 1993 年创办的“锁石青年科技服务所”。2004 年正式改名为“双峰县农村科技合作社”，成立理事会，在民政部门登记注册，合作社由原来一个松散的民间组织蜕变为规范化管理、市场化运作、网络化建构、全程化服务的民办科技类非企业社团组织。

短短 3 年时间，双峰县农村科技合作社迅速发展壮大，在带动当地农民科技致富方面发挥了重要作用。目前，该社建立了 16 个乡镇科技合作联社，320 个科技服务分社，6 大产业开发专业合作社，在 850 多个村设定科技推广业务代理员，发展社员 8 750 人，农户参与总户数 1.2 万多户，初步建立起覆盖全县的“总社、联社、分社、基地”四级农科服务网。双峰县农村科技合作社被称为“双峰模式”，其主要经验是：实现业务上综合经营；建立完整的组织网络；实现了农村科技服务管理体制、农村科技服务网络、农村科技服务经营形式和农村科技服务管理手段四个方面创新；坚持运营上的独立性。

四、科技特派员制度

截至2007年底，全国已有31个省(自治区、直辖市)的1 039个县(市、区、旗)开展了科技特派员工作，科技特派员总人数达57 448人，直接服务近4万个村的1 400多万农民，组织培训农民1 819多万人次，创建专业协会、农民专业合作社等有偿服务组织共14 500多个。开展科技特派员工作地区的农村居民年均纯收入达3 812.51元，比2006年增长11.5%。

近年来，科技特派员组织实施了1.1万多个区域特色和产业优势明显的农业产业化项目，培育出了一批新型农业产业化龙头企业，共形成了各种形式的农业产业化龙头企业1 982家，安置农村剩余劳动力621.8万名，一批新型农业产业化龙头企业正在形成。通过实施科技特派员工作，2007年全国共引进农林动植物新品种2.05万个，推广先进适用新技术2.1万项，实施科技开发项目1.19万项，实现利润129亿元。

图6-9 新疆科技特派员在田间指导生产

五、新型农民科技培训与科学普及

2007年，星火科技培训工程继续实施。《星火科技30分》电视栏目共拍摄、制作、发行、播出了52期电视节目，向广大农村宣传介绍了226项农村先进适用技术。2007年11月，中办和国办出台《关于加强农村实用人才队伍建设和农村人力资源开发的意见》，将《星火科技30分》电视栏目纳入提高农民综合素质的有效形式之一。各地培训方式多样化，综合运用远程教育、培训学校、制作课件、电视专题和科技下乡等手段，培养了一大批懂科技、善经营、会管理、敢创新的新型农民。

第六节
促进农村发展科技行动

2007年四种类型的新农村建设科技示范（试点）得到批复，科技富民强县等工作进一步加强，使科技在新农村建设中发挥了不可替代的作用。

一、新农村建设科技示范（试点）工作

2007年，科技部批复193个首批新农村建设科技示范（试点），其中73个新农村建设科技示范乡镇（试点）、120个新农村建设科技示范村（试点）。首批示范（试点）具有较好的发展基础，总体上包括以现代农业为重点的综合示范（试点）、以特色经济为重点的综合示范（试点）、以生态经济为重点的综合示范（试点）、以民生为重点的综合示范（试点）等四种类型。其中，星火计划重点项目立项支持59个新农村建设科技示范（试点）。

二、科技富民强县专项行动计划

2007年全国试点范围进一步扩大，目前398个试点县（市）共建设科技服务平台7 762个，引进人才8 942人，平均每个试点县（市）培训农民20 681人次。共引进、转化、推广和应用先进适用技术成果2 742项，推广新技术3 022.52万亩，参与试点工作的农民达到了2 428.8万人，农民人均增收553.61元。新增财政收入1 190.14亿元，新增就业189.71万人，特色产业总产值2 826.38亿元，出口创汇11.55亿美元，标准化、无公害、有机或绿色农产品销售收入1 074.69亿元，企业当年新产品4 815项，专利申请4 268项，专利授权3 206项。

全国共有314个试点县（市）在试点工作中结合了专家大院这一先进技术服务模式；有306个试点县（市）在试点工作中结合了科技特派员这一先进技术服务模式。

图 6-10　科技富民强县试点——福建省安溪县乌龙茶无公害示范基地

三、科技兴县（市）工作

2007年对科技部批复的80个全国科技进步示范市、县、区进行了中期评估，部分示范市、县、区特色明显，工作扎实，地方党委政府高度重视，配备资源，推进基层科技工作，示范效果显著。各地已初步形成了以省级科技行政部门为管理主体，各部门积极参与、联合推动的机制。

通过科技兴县（市）工作，目前全国县（市）科技环境有明显改善，科技管理能力有显著提高，科技投入明显增加。据对参与2007年全国县（市）科技进步考核的2 219个县的统计分析，2006年平均每个县本级科技三项费用达到467.19万元，比上年增长28.16%，本级科技三项费占其当年本级财政决算支出比例达到0.95%。

2007年组织开展了2005—2006年度全国县（市）科技进步考核工作，全国参加考核的县（市）有3 228个，覆盖了全国所有省（自治区、直辖市）及新疆生产建设兵团，参加率达96%。

四、科技促进三峡移民开发工作

2007年三峡移民开发专项本着优势产业优先发展、突出区域特色的指导原则，以特色支柱产业发展为主线，构建对口支援平台和科技自我发展平台，全面提升库区科技创新能力、信息服务能力和人才素质能力。通过政府引导、市场化带动，充分发挥企业主体作用，有重点地在库首、库腹、库尾建立科技产业与生态环保示范基地、产业聚集基地，成为辐射整个三峡地区产业发展、生态环保和移民增收的增长点。专项工作的落实，使一批资源保育、环境治理、地质灾害预警等先进适用技术在库区得以转化和应用，有效促进了区域经济又好又快地发展。

五、科技扶贫

2007年，在各定点县市组织农村先进实用技术培训班500期，培训干部群众6万多人次。其中，通过本年度新设立的科技扶贫远程教育培训卫星接收装置直接受训人员达1万多人次。重点围绕县域支柱产业组织实施项目26项，提高了定点县农产品深加工等关键技术的开发应用水平，有力促进了区域特色支柱产业又好又快地发展。按照国务院扶贫办关于整村推进的扶贫开发要求，通过实施“科技扶贫示范乡村建设工程”，帮扶科技示范村32个。组织科技服务型小额信贷，帮助4 613个贫困户获得资金568万元。科技扶贫团联系企业和大学等为贫困地区出资修缮校舍、资助贫困学生，并捐赠了一批电脑和学习用品。

第七章 节能减排科技进步

节能减排是中国经济社会发展的重要任务，是贯彻落实科学发展观，建设资源节约型、环境友好型社会的必然选择，是推进经济结构调整，转变增长方式的必由之路。《中华人民共和国国民经济和社会发展第十一个五年规划纲要》提出了“十一五”期间单位国内生产总值能耗降低20%左右，主要污染物排放总量减少10%的约束性指标。要实现这一目标，必须依靠科技进步。

第一节 总体部署及科技专项行动

2007年，在进一步落实促进节能减排政策的同时，国家颁布了《国务院关于印发节能减排综合性工作方案的通知》(以下简称《工作方案》)，对“十一五”后四年的节能减排工作进行了总体部署。国家发改委等17个部门联合发布了《关于印发节能减排全民行动实施方案的通知》，提出了9项节能减排行动。科技部制定了《节能减排科技专项行动方案》(以下简称《行动方案》)，启动了节能减排科技专项行动，进一步落实《工作方案》提出的有关要求。

一、总体部署

◎ 加快节能减排技术研发

在973、863和科技支撑等国家科技计划中，安排一批节能减排重大技术项目，攻克一批节能减排关键和共性技术。加快节能减排技术支撑平台建设，组建一批国家工程实验室和国家重点实验室。优化节能减排技术创新与转化的政策环境，加强能源、资源、环境技术领域创新团队和研发基地建设，推动建立以企业为主体、产学研相结合的节能减排技术创新与成果转化体系。

◎ 加快节能减排技术产业化示范和推广

实施一批节能减排重点行业共性、关键技术及重大技术装备产业化示范项目和循环经济高技术产业化重大专项。落实节能、节水技术政策大纲，在钢铁、有色、煤炭、电力、石油石化、化工、建材、纺织、造纸、建筑等重点行业，推广一批潜力大、应用面广的重大节能减排技术。加强节电、节油农业机械和农产品加工设备及农业节水、节肥、节药技术推广。鼓励企业加大节能减排技术改造和技术创新投入，增强自主创新能力。

专栏7-1 《工作方案》的主要目标

到2010年，万元国内生产总值能耗由2005年的1.22吨标准煤下降到1吨标准煤以下，降低20%左右；单位工业增加值用水量降低30%。"十一五"期间，主要污染物排放总量减少10%，到2010年，二氧化硫排放量由2005年的2 549万吨减少到2 295万吨，化学需氧量（COD）由1 414万吨减少到1 273万吨；全国设市城市污水处理率不低于70%，工业固体废物综合利用率达到60%以上。

二、科技专项行动

为深入贯彻落实科学发展观，建设资源节约型、环境友好型社会，落实《工作方案》要求，实现《中华人民共和国国民经济和社会发展第十一个五年规划纲要》提出的节能减排目标，根据国务院节能减排工作的总体部署和要求，科技部制定了《行动方案》。在国家863计划、科技支撑计划和973计划中分别根据各类计划的不同特点，有选择地对节能减排科技研发、示范与推广项目进行重点支持；在节能减排科技支撑平台建设方面，新建一批涉及节能减排的国家工程技术研究中心和国家重点实验室，通过科研院所技术开发研究专项资金支持节能减排科技研发工作；通过各类展览会和新闻媒体积极推进全民节能减排科技行动。

◎ 指导思想

一是坚持结构调整与节能减排相结合。大力发展高新技术产业，切实加强对高新技术改造与传统产业提升的支撑力度，培育新型产业，加快新型工业化发展的步伐。

二是坚持近期目标与中长期目标相结合。加强技术研发及产业化推广应用，本着短、中、长期目标相结合的原则，快速推广一批节能减排成熟技术，建设一批节能减排重大科技示范工程，攻克一批节能减排关键技术和前沿技术。

三是坚持关键技术突破与集成应用相结合。针对节能减排的科技需求，突破一批具有自主知识产权的关键技术，强化集成创新应用与示范，形成产学研相结合的节能减排创新机制。

四是坚持政府引导与全社会参与相结合。充分发挥政府部门的引导作用，本着分类指导、综合示范的原则，调动全社会资源，实施不同类型节能减排科技综合示范工程，以点带面，充分发挥其辐射和示范作用。

五是坚持科技创新与管理创新相结合。在强化科技创新支持力度的同时，积极探索有效的管理创新机制，务求实效，切实加强各部门和地方的协同推进，形成上下联动机制，增强科技对节能减排工作的支撑力度。

◎ 行动目标

组织推广100项节能减排成熟技术，加强科技对节能减排的支撑作用；实施20项重大集成应用示范工程，单位GDP能耗和主要污染物排放指标比国家规定的目标提高20%～30%；攻克200项左右节能减排关键技术和共性技术，提高整体技术水平；建设和完善节能减排方面的50个国家工程技术研究中心，30个国家重点实验室，提高技术创新能力。

◎ 重点任务

推广一批成熟技术，服务重点领域节能减排需求；实施一批示范工程，提供节能减排集成解决方案；攻克一批节能减排关键和共性技术，提升节能减排持续支撑能力；建设一批科技支撑平台，构筑节能减排创新体系；加强节能减排增效的重大基础科学研究；积极推进全民节能减排科技行动。

第二节 工作进展

2007年，政府加强了对节能减排科技工作的统筹规划，国务院各部委和各省（自治区、直辖市）均开展了一系列具体工作，有效地促进了节能减排技术研发与推广。

一、主要工作

2007年，科技部的《行动方案》对节能减排科技工作进行了全面部署。通过863计划、科技支撑计划和973计划启动了一批节能减排方面的项目和专题，在工业、农业和社会发展领域进行了统筹部署；加强了国家工程技术中心和国家重点实验室等科技支撑平台建设，完善了节能减排创新体系。交通部组织开展了“资源节约型、环境友好型交通发展模式研究”，实施了“内河船型标准化”、“材料节约与循环利用”和“限制船舶污染物排放”等6个专项行动计划；启动了山西忻阜高速公路、湖北沪蓉西高速公路、重庆绕城高速公路和四川雅泸高速公路等科技示范工程，促进节能减排科技成果转化和推广。建设部组织开展了《建设部可再生能源建筑推广应用技术目录》的编制工作，将节能环保作为重要领域列入《建设事业“十一五”推广应用和限制禁止使用技术公告》，将资源节约和环境保护作为《2007年建设科技计划》支持的重点。信息产业部将电子信息产品污染防治作为技术标准化工作的重点。铁道部颁布了《关于增强铁路自主创新能力，推进和谐铁路建设的决定》，确定了"十一五"期间铁路科技发展将大力推广节能环保技术。国家开发银行制订了《开发银行"十一五"期间支持自主创新和科技发展业务规划》，明确支持节能减排等关系国家创新能力建设的项目，发布了《贯彻落实国务院关于节能减排工作要求的实施意见》和《污染减排贷款工作方案》等配套政策措施。中国轻工业联合会组织完成了对造纸、发酵、酿酒、家电、皮革等17个行业25个污染源的普查和44个小类产品（按国民经济分类）"产排污系数手册"的编制工作。

一些地方政府制定了节能减排科技工作方案，投入专项经费，支持一些重点领域、重点行业和重点企业的节能减排工作。山东省制定了《关于加强节能减排科技工作的意见》，四川省编制了《四川省工业节能减排技术示范工作方案》，安徽省出台了《节能减排科技行动》实施方案，吉林省出台了《吉林省节能减排科技行动计划》，广东省出台了《广东省节能减排综合性工作方案》等。一些地方政府利用节能减排科技工程，解决本地经济发展存在的节能减排问题。内蒙古自治区启动了节能减排技术工程，组织实施了科技支撑节能减排行动，重点在风能、太阳能、地热能、生物质能等可再生能源利用，以及粉煤灰等废物利用等方面进行了部署；河南省实施节能减排科技工程，重点满足对火电、建材、有色、钢铁等高耗能、高排放重点行业，建筑、交通等重点领域的节能减排科技需求；海南省组织实施节能减排科技行动，设立节能减排研发专项，主要面向电力、钢铁、化工、建材等节能减排重点行业和重点企业进行部署；山西省实施了地区科技支撑工程，以支撑区域经济发展为目标，在低污染现代煤化工领域、循环经济和节能减排降耗技术领域等高新技术产业领域进行重点部署。一些地方政府将节能减排科技工作作为一项重点工作，积极推进。北京市在奥运村实施再生水水源热泵工程，每年可以节约电能60%；河北省制定了8项具体措施，大力推进节能减排技术创新与示范；天津市围绕石油化工、冶金、电力等高耗能产业，加大了节能、节水减排和资源综合利用关键技术攻关与集成应用力度；新疆维吾尔自治区积极拓展与发达国家和地区的节能减排科技合作；贵州省大力推进循环经济相关技术、节能降耗技术的集成研发及应用；甘肃省积极组织清洁发展机制项目促进节能减排；黑龙江省完成了松花江水污染应急科技专项。

二、组织实施情况

2007年，863计划、科技支撑计划以及973计划攻克了一批关键技术，推广示范了一批项目，对节能减排工作起到了重要的推动作用，为"十一五"节能减排目标的实现提供了强有力的科技支撑。启动了典型脆弱生态系统重建技术及示范、重点城市群大气复合污染综合防治技术与集成示范、机动车污染控制技术研究、农田污染综合防控关键技术研究与示范、防沙治沙关键技术研究与试验示范等一批重大和重点项目，以及环境污染治理新技术、环境监测和环境风险评价技术专题。特别是在油气资源勘探开发、能源综合利用、新型能源利用、新能源汽车、半导体照明等能源技术取得了显著突破；在城市水环境改善、农村饮用水安全、城市大气复合污染综合防治技术、机动车污染控制技术研究、环境监测与控制技术等环境治理及控制技术方面；在矿产资源综合利用、固体废弃物处理处置与资源化利用、农林特产资源高效开发利用等资源综合利用技术方面取得了一定进展。

2007年，交通部开展了高等级路面再生技术、废旧橡胶粉筑路应用技术、聚合物改性水泥混凝土技术、机制砂混凝土技术等6项技术推广应用，为交通建设资源的高效利用和循环使用提供示范。信息产业部制定发布了《移动通信手持机充电器及接口技术要求和测试方法》标准，降低消费者使用成本，节约社会资源，减少电子废弃物，避免电子产品对环境的二次污染。国家开发银行确定以太湖等为重点流域，江苏等省份为重点区域，冶金等高污染、高耗能行业为重点行业，启动了重点支持水污染防治、水源地保护、城市污水处理工程、城市垃圾处理工程、燃煤电厂脱硫、工业企业节能减排和城乡饮用水安全等国家重点领域的研发、技术改造和治理项目，2007年共发放污染减排贷款109亿元。中国轻工业联合会召开了全行业节能减排现场会，介绍、推广节能减排典型经验，组织了重点科技创新实用技术推广应用发布大会，重点推介近三年取得的多项科技创新成果。中国有色金属工业协会部署了8个行业节能减排、资源循环项目。

一些地方政府通过科技项目形式，加大了对节能减排科技工作的支持力度。北京市围绕大型公共建筑节能，高效节能、低污染天然气锅炉系统，水泥厂和电厂的余热余压发电，高能效低温空气源热泵，脱硫石膏、煤矸石的资源化利用等方面，组织实施了一批重大科技项目，初步估计，将年节约230万吨标准煤，降低全市能源消耗总量约4%。山东省继续组织实施资源节约型社会科技支撑体系专项，主推了100项节约型社会建设共性技术，会同省政府节能办推广了40项重大节能技术、40项重大节能装备和40项重大节能示范工程，为完成省委、省政府提出的“十一五”综合能耗下降22%的目标提供了有力的科技支撑。广东省选择能耗高、污染重的行业，启动了“节能减排与可再生能源”重大科技专项，重点突破一批节能减排重大共性、关键技术，推广示范一批节能减排新技术、新成果、新产品、新装备，实施一批有特色的应用示范项目。安徽省启动实施了191个节能项目，重点推广海螺余热利用等重大节能技术；设立了3 000万元的节能专项资金，支持重点节能技术改造、重大节能技术示范工程和节能监测能力建设等。甘肃省投入科技经费470万元，组织实施了7项节能减排重大科技专项。

一些地方政府通过示范推广等多种途径，积极促进节能减排技术应用。天津市完成了发电机组节能减排实时监控系统的开发和示范应用，已实现年节约5.4万吨标煤，减排二氧化硫450吨；建成校园、厂区、住宅小区等多个半导体照明示范工程，比原有传统照明节电70%。新疆生产建设兵团开发了“兵团污染减排决策支持系统”，建立了兵团工业减排技术基础数据库，开发了兵团减排技术决策应用软件，为兵团工业节能减排提供了技术支撑和科学决策依据。新疆维吾尔自治区加强风能、太阳能等清洁能源新技术、新产品开发，在乌鲁木齐达坂城和水西沟建设可再生能源规模化利用示范基地；加强了煤炭资源开发与综合利用技术、煤炭工业清洁生产与安全生产技术的集成和示范；开展了节能减排的技术开发与推广。湖南省在电力行业推广新型输配电关键技术，节能20%以上，累计实现节能效益4亿多元；实施了“区域循环经济关键技术与示范”专项，突破了再生金属原料适应性及金属回收、再生产品升质及拓展、减少污染物排放等多项关键技术，建成了国内第一条以硫酸钠废水为原料年产1万吨沉淀硫酸钡的生产线和3条20万吨/年窑渣资源化生产线，年减少废渣堆存110多万吨，直接减少废水排放近200万吨，降低了重金属废水废渣排放对湘江造成的重金属污染。四川省在电力、钢铁、有色金属、化工、建材、机械、煤炭、轻纺等八个行业和可再生能源领域，开展了28项节能减排先进技术推广应用和23项技术攻关。福建省积极推动位于闽江、晋江、乌龙江流域的造纸、发酵、纺织印染、皮革及化工骨干企业清洁生产技术开发与应用示范；促进氨合成与无铬高温变换等5个系列催化剂的广泛应用，为全国年增加产值27亿元。

第三节 研发进展

2007年，在节能减排关键、共性技术研发，成熟技术推广，示范工程推进，重大基础科学研究等方面取得了重要进展。

一、关键、共性技术攻关

已完成“动力煤优质化技术与高效燃煤锅炉技术开发”计划约60%的研发任务，示范显示平均节能率超过25%，平均减排70%以上。

在大功率风电机组研制与示范方面，掌握了3 MW双馈式和半直驱式变速恒频风电机组的总

图7-1　中海油制造的首座海上风力发电站并网发电

体设计、近海型叶片和新型复合材料叶片、直驱式风电机组永磁单轴承发电机的设计等拥有自主知识产权的核心技术。

在太阳能热发电技术及系统示范方面，完成了太阳能塔式电站总体方案设计、6台不同形式定日镜的研制、全场监控系统方案和策略指定，进行了吸热—传热—蓄热系统方案设计及实验平台建设。

在节能与新能源汽车方面，攻克了节能与新能源汽车关键零部件、动力系统技术平台和整车核心技术，国产燃料电池系统体积比功率达到1 000 W/L以上，寿命达到5 000小时以上；锂离子动力电池的功率密度达到1 300 W/kg，纯电动汽车整车能量经济性在“十五”的基础上提高了5%。

开发了利用普通空气燃烧黄磷回收反应热副产工业蒸汽的热法磷酸生产技术，获得了发明专利。该技术是国内惟一回收黄磷燃烧热产生蒸汽的技术，年产蒸汽节省标准煤23万吨、节水288.6万立方米、节电1 254.6万千瓦时，年减少通过循环冷却水向环境排放热量7.04 × 10^{11} kJ、CO_2排放量54.43万吨、燃煤SO_2排放量436.9吨、燃煤产生的固体废弃物渣量22.63万吨。

成功研制了TDR-150型单晶炉(12″ MCZ综合系统)，标志着拥有自主知识产权和核心技术的大尺寸集成电路与太阳能用单晶硅设备在中国首次研制成功，打破了国外公司在12″单晶炉设备关键技术方面的封锁。

成功研制了世界上第一套单炉煤炭年处理能力50万吨，一期生产兰炭30万吨、煤焦油3万吨、煤气3亿标立方米的大规模兰炭炉配套技术和装备，形成了具有自主知识产权的成套工艺技术；完成了年产兰炭60万吨煤干馏综合利用生产线建设设计方案，实现了兰炭炉煤气发电及综合回收利用和生产废水循环利用的目标。

成功开发了铁闪锌矿氧压浸出的清洁生产新工艺，简化了现有湿法工艺流程。新工艺中金属回收率高，无二氧化硫排放，可回收元素硫。

开发了隧道窑法直接利用中低品位磷矿生产85%工业磷酸技术，该技术开创了利用低品位磷矿和选矿后尾矿直接生产工业磷酸的新技术线路，已建成年产3万吨的工业化示范装置。

开发了低温磷酸预浓缩法制备磷酸一铵的新工艺，使尾气冷凝和余热回收合二为一，可降低磷酸一铵浓缩能耗30%左右。

开发了干法乙炔制聚氯乙烯新技术，电石水解率大于99%，耗水量仅为原来的1/10，耗电量低，实现污染物零排放。

发明了成膜反光抗旱剂和植物抗蒸腾剂，可减少作物生育期无效蒸腾30%以上。

研制出37台（套）节能效果显著、适合中国国情的农业机械样机，取得了较好的经济效益和社会效益。

选择了30余个重金属吸收量较低的农作物开展农田污染过程阻断关键技术小区试验，确定了2种农田残留地膜回收机械的总体设计方案，完成了样机总体设计及所有零部件设计。

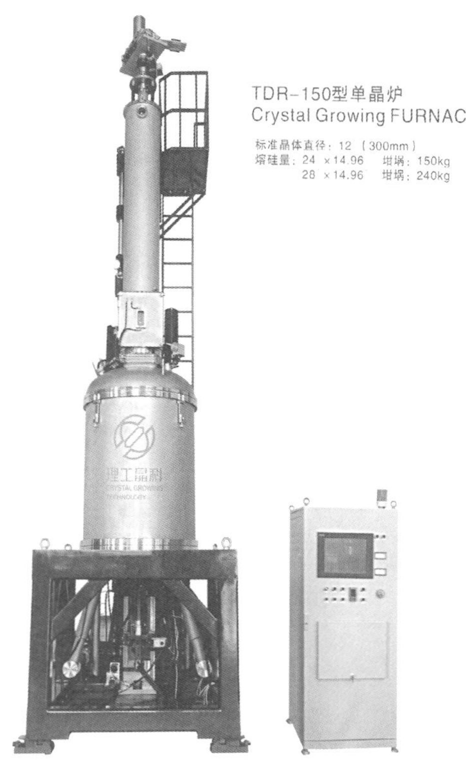

图 7-2　TDR-150 型单晶炉

开展了养殖废水资源化与安全回灌关键技术研究，建立了多套猪场废水厌氧－生态处理设施，大幅度减少了养殖业中粪便、粪水向环境排放，并使养殖废水得到有效利用。

制定了秸秆还田技术规程，研制开发了各种类型的配套机具和快速秸秆腐解菌剂。

研发温室浅层地能技术和日光新型保温材料，促进了浅层地能的利用，减少了太阳能的损耗。

二、成熟技术推广

推广应用了全球首套60万吨磷酸二铵联产36万吨磷酸一铵大型工业性试验装置和基于亚熔盐拟均相反应／分离的铬盐生产工艺的重污染行业清洁生产技术。2 × 135 MW 电站锅炉烟气脱硫系统推广应用累计装机容量 6 080 MW，创产值1.04 亿元。

在武汉、苏州等11个典型城市进行了城市水质改善技术综合示范与应用。纳米絮凝剂等产品已实现工业化生产并开始大量出口。推广了北方井渠结合灌区节水改造、南方渠灌区节水改造等高效节水技术。

海水（苦卤）提取钾、锂技术成功应用于新疆罗布泊盐湖、青海东台盐湖、西藏扎布耶盐湖等中国盐湖资源开发利用产业化基地，建成国内首个利用纤维素废弃物年产酒精600吨的示范工程。

图 7-3　2 MW 风机齿轮箱安装现场

30 米高温超导电缆并网运行工程性试验实现并网试运行，成为继美国、丹麦之后世界上第三组并网运行的实用型超导电缆，标志着中国高温超导电缆技术从成果到产业化已取得了新的重大突破。

2 MW 变速恒频风力发电机组样机在内蒙古辉腾锡勒风场完成吊装。该机组是国内首台单机功率最大、具有自主知识产权的风力发电机组；国内首台通过德国船级社设计评估的大功率风力发电机组；整机设计达到国际先进水平，整机制造达到国内领先水平。

三、示范工程集成应用

重点示范应用了节能与新能源、污染治理、资源综合利用技术，启动了首批 15 家高新区建设生态园区示范等工作。

2007 年，在全国共确定了 20 个项目作为第一批“可再生能源与建筑集成技术应用示范工程”，总示范面积为 122.3 万平方米。

形成了 10 个以上千辆级应用混合动力公交车的全国清洁汽车示范城市，混合动力汽车平均百公里油耗和温室气体排放均下降 20% 以上。

在国家高速公路联网不停车收费系统示范工程完成后，将有 150 条左右的 ETC 车道投入使用。

在太湖开展了湖泊面源污染控制等技术系统工程规模的综合技术示范，对于抑制 2007 年夏季西五里湖蓝藻爆长起到了积极作用。

大型铝电解槽电磁平衡调整技术推广应用，首次实现大型铝电解系列非事故条件下的不停电生产，砂状氧化铝生产技术成功应用。

生物质高效降解专用微生物筛选与构建、可生物降解地膜开发、村镇农林剩余物直燃发电等技术均得到了示范应用。

在深圳、上海、天津分别建设了3个日产水量20万吨以上的饮用水安全保障示范工程。开展了农村安全饮水研究，取得了初步成效。

用于北京奥运场馆景观照明的LED所使用的全部标准芯片和部分大功率芯片已实现国产化，2 000 m^2 全彩显示屏（55万点像素）全部采用国产器件。国家游泳中心采用LED景观照明，全年共消耗电能27万度，节能73%。

成功开发联产化学品生物质增塑剂环氧脂肪酸甲酯，为替代中国目前大量使用的DOP、DBP等有毒石化塑料增塑剂开辟了新途径。已建成年产5万吨生物柴油示范生产线，预计全面投产后可直接节省标准煤7.15万吨，减排二氧化硫300吨，每年将新增收入3亿元，创利税4 000万元。

成功实施了电力和化工行业百吨级、千吨级和万吨级海水循环冷却技术工程示范，节约淡水资源1 000余万吨，实现了以海水代替淡水作为工业循环冷却水并降低运行成本50%，比海水直流冷却减少温排水95%，在电力、化工、石化等行业产生示范、带动和辐射作用，推动了中国水工业行业科技进步。

图7-4　化工系统2 500 m^3/h 海水循环冷却示范工程

四、重大基础科学研究

研制出具有自主知识产权的环流反应器，顺利通过了工艺验证；利用大规模高效气流床气化炉内高温、高压、多相湍流反应流动等基础研究成果，完成日单炉处理2 000吨煤多喷嘴对置式水煤浆气化炉的工程设计，成功用于100万吨/年间接液化装置和200 MW IGCC发电装置；在新一代内燃机燃烧理论方面，提出了柴油机低温燃烧方案，在不加后处理器条件下，可实现NOx的排放达到国IV标准。

在可吸入颗粒物的控制方面，深入研究了电极、滤袋混合型脱除方法，在优化操作条件的基础上，提高了综合除尘性能；针对燃煤污染物的脱除，深入研究了高温脱硫反应机理及其影响因素，开发出具有工程应用价值的廉价脱硫剂，在较低的钙硫比下取得了较高的脱硫率。

在温室气体减排方面，建立了适合CO_2埋存和驱油的新实验方法和实验装置，完善了油藏条件下油气体系传质和相态特征及检测方法，CO_2混相与非混相提高采收率机理的研究为CO_2驱提高采收率奠定了基础。

在微晶硅/非晶硅薄膜太阳能电池方面，生长速率8.5Å/s的单结微晶硅薄膜太阳能电池转换效率达到8.1%，非晶硅/微晶硅叠层太阳能电池的转换效率达到11.1%（小面积）；在染料敏化太阳能电池方面，固态电池的转换效率达到6.3%（小面积），有效面积为11 cm^2的液态电池的转换效率达到8.2%；利用在电池结构与相关材料设计、电催化剂设计、电极制备与表面修饰新技术与电池化成新方法等方面的研究成果，从理论上指导了高功率镍氢动力电池的制备，目前D型8 Ah电池的功率密度超过1 000 W/kg（为传统镍氢电池的3倍以上），其理论和技术成果已开始应用于混合动力汽车用镍氢动力电池的开发。

铝资源高效利用与高性能铝材制备的理论，解决了金属铝发展存在的高耗能高污染等3大难题；发明了拜耳选矿法，可经济利用占中国铝土矿储量80%的中低品位铝土矿；突破了抗氧化低电阻碳素阳极制备等技术，使冶炼过程节能减排达10%以上，年节电量超过100亿千瓦时。

第八章 高技术产业与高新区发展

第一节　高技术产业发展

一、科技活动经费筹集与从业人员

二、高技术产业的专利产出

第二节　高新技术产业开发区发展

一、国家高新区的创新活动

二、国家高新区的经济发展

三、和谐园区和生态园区建设

第三节　促进高新技术成果转化

一、火炬计划项目

二、重点新产品计划

三、科技型中小企业创新基金

四、特色产业基地

五、高技术产业化专项

2007 年，中国高技术产业保持较快发展，高技术产品在国际市场的竞争力进一步提高。高技术产业实现工业总产值50 461亿元，比上年增长20.2%；完成增加值11 621 亿元，比上年增长15.6%，促进高新技术成果转化成效显著。

第一节 高技术产业发展

2007 年，电子及通信设备制造业实现产值25 088亿元，占总产值的49.7%；电子计算机及办公设备制造业实现产值14 859亿元，占总产值29.4%；医药制造业实现产值6 362亿元，占总产值12.6%。当年，我国高新技术产品出口贸易总额为3 478 亿美元，比上年增长23.6%；高新技术产品出口贸易占全部商品出口贸易总额的比重达到28.6%。

2007 年，高技术产业完成投资3 484亿元，新增固定资产1 958亿元，施工项目7 702个，新开工项目4 190 个，投产项目2 729 个。在完成投资方面，电子及通信设备制造业完成投资1 871亿元，占总投资的53.7%，医药制造业完成投资828亿元，占总投资23.8%，医疗设备及仪器仪表制造业完成投资298亿元，占总投资8.5%。

一、科技活动经费筹集与从业人员

2007年，高技术产业从事科技活动的人员达到近48万人，其中科学家和工程师为34万人；科技活动经费筹集额达947亿元，其中企业资金为810亿元，占总经费的85.5%；新产品开发经费支出达652亿元，比2006年增长了近27.8%；高技术产业技术改造经费支出211亿元，技术引进经费支出131亿元，引进技术消化吸收经费近14亿元，购买国内技术经费支出11亿元；企业科技机构数达到2 217个，科技机构人员超过24万人，经费支出达到478亿元，比2006年增长了30.6%。

从行业看，2007年电子及通信设备制造业科技活动经费筹集额达到541亿元，占高技术产业科技活动经费筹集总额的57.1%，电子计算机及办公设备制造业、医药制造业、航空航天器制造业、医疗设备及仪器仪表制造业的科技活动经费筹集额分别为147亿元、127亿元、72亿元和60亿元，占15.5%、13.4%、7.6%和6.3%。

二、高技术产业的专利产出

2007年高技术产业共申请专利34 446项，比2006年增长了41.7%，拥有发明专利13 386项，比2006年增长64.4%。从拥有发明专利看，2007年电子及通信设备制造业拥有发明专利6 532项，占高技术产业拥有发明专利数的48.8%；医药制造业拥有发明专利2 482项，占18.5%；电子计算机及办公设备制造业、航空航天器制造业和医疗设备及仪器仪表制造业拥有发明专利为3 210项、270项和892项，分别占高技术产业拥有专利数的24%、2%和6.7%。

在电子及通信设备制造业，大型企业拥有发明专利4 829项，为中型企业的2.8倍；电子计算机及办公设备制造业的大型企业拥有2 532项，为中型企业的3.7倍；航空航天器制造业的大型企业拥有发明专利高于中型企业；医药制造业与医疗设备及仪器仪表制造业，大型企业拥有发明专利数均明显低于中型企业。

在医药制造业与航空航天器制造业，国有及国有控股企业拥有发明专利数高于三资企业；在医疗设备及仪器仪表制造业、电子及通信设备制造业和电子计算机及办公设备制造业，国有及国有控股企业拥有发明专利数均低于三资企业。

第二节
高新技术产业开发区发展

2007年，国家高新区在创新活动、经济效益、资源节约等方面继续呈现良好的发展局面，并重点开展了和谐园区和生态园区建设。

一、国家高新区的创新活动

◎ 科技活动经费

2007年，高新区企业科技活动经费筹集额达到2 179.9亿元，比上年增加414.5亿元。其中，企业资金1 827.4亿元，金融机构贷款79.1亿元，来自各级政府部门的资金125.9亿元，来自各事业单位的资金4.2亿元，来自国外的资金72.4亿元，来自其他方面的资金70.7亿元。高新区企业科技经费支出额为2 163.5亿元，比上年增加579亿元。2007年高新区企业R&D经费支出为1 348.8亿元，比上年增加294.8亿元。R&D经费支出占产品销售收入的3.0%。

◎ 科技活动人员

2007年，高新区企业从业人员达650.2万人，比2006年增加76.7万人。其中，具有大专以上学历人员达到275.3万人，比上年增加43.5万人，占高新区从业人员总数的42.3%。从业人员中具有学士学位的有125.0万人、硕士21.6万人、博士2.9万人。从业人员中具有高级职称的人员达到89.7万人，占从业人员总量的13.8%。2007年，高新区共吸纳了26.3万名应届高校毕业生。2007年，高新区科技活动人员为120.3万人，比上年增加21.7万人，占高新区从业人员的18.5%。

◎ 科技活动产出

2007年，高新区的新产品产值达到11 796.0亿元。新产品销售收入为12 216.3亿元，新产品销售收入占产品总销售收入的比重为26.9%。新产品出口额达到390.6亿美元，占高新区出口总额的22.6%。高新区25个出口基地的新产品出口总额为333.2亿美元，占高新区全部新产品出口总额的85.3%。

2007年，高新区申请专利数量为55 252件，其中发明专利申请量为29 166件，占全国企业发明专利申请量的18%。2007年，高新区专利授权量达到了24 552件，其中发明专利授权量为7 658件，占全国企业发明专利授权总量的16%。2007年，高新区企业拥有发明专利累计数为49 680件，其中外商投资企业最多，为13 677件，有限责任公司12 594件，股份有限公司6 733件。高新区每万人拥有的发明专利数量为76.4件。

二、国家高新区的经济发展

◎ 经济产出

2007年，高新区全年营业总收入达到54 925.2亿元；工业增加值达到10 715.4亿元，分别比上年增长了26.8%和25.8%。完成工业总产值44 376.9亿元，实现净利润3 159.3亿元，上缴税额2 614.1亿元，进出口总额达到2 495.2亿美元，出口总额1 728.1亿元。与2006年相比，工业总产值、净利润、上缴利税和出口总额分别增长了23.6%、48.4%、32.2%、27.0%，均实现了稳定增长。

◎ 企业发展

2007 年，国家高新区内企业达到 48 472 家，比上年增加了 2 644 家。按营业总收入规模分类来看，收入 1 亿元以上的企业 5 051 家，占总数的 10%；收入大于等于 1 000 万元小于 1 亿元的企业 13 098 家，占企业总数的 27%；收入大于等于 500 万元小于 1 000 万元的企业 5 134 家，占企业总数的 11%；收入小于 500 万元的企业 25 189 家，占企业总数的 52%。收入 1 亿元以上的企业年末从业人员 458.5 万人，占高新区企业年末从业人员总数的 70.5%；营业总收入 49 791.8 亿元，占高新区企业营业总收入的90.7%；工业总产值40 742.6亿元，占高新区企业工业总产值的91.8%；工业增加值 9 757 亿元，占高新区企业工业增加值的 91.1%；出口总额 1 667.2 亿美元，占高新区企业出口创汇总额的 96.5%。

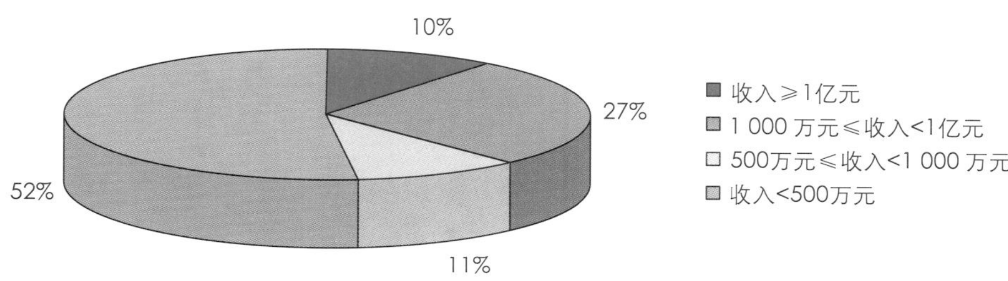

图 8-1　2007 年国家高新区企业营业总收入规模分布

数据来源：《中国高技术产业统计数据 2008》

从国家高新区企业收入构成来看，产品销售收入占总收入 82%，技术性收入和商品销售收入均占 7%，其他收入占 4%。其中，收入 1 亿元以上的企业产品销售收入占企业收入 83.8%，收入大于等于 1 000 万元小于 1 亿元的企业产品销售收入占 74.8%，收入大于等于 500 万元小于 1 000 万元的企业产品销售收入占 82.2%，收入小于 500 万元的企业产品销售收入占 54.9%。

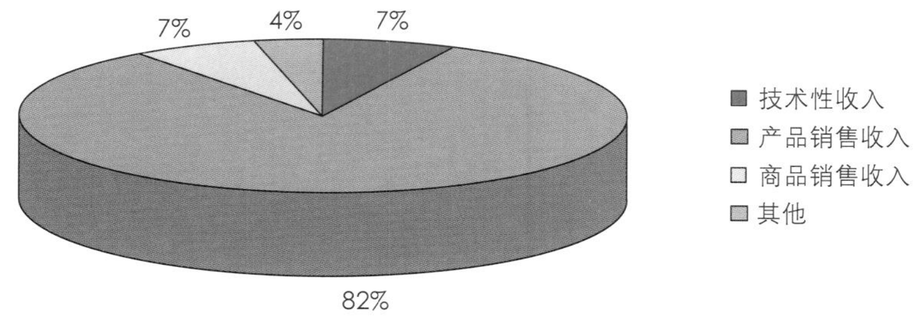

图 8-2　2007 年国家高新区企业收入构成

数据来源：《中国高技术产业统计数据 2008》

从企业产品销售收入按技术领域分布来看，电子与信息领域占36%，新材料领域占16%，光机电一体化领域占15%，生物技术领域占7%，新能源与高效节能领域占5%，环境保护领域占1%，其他领域占21%。

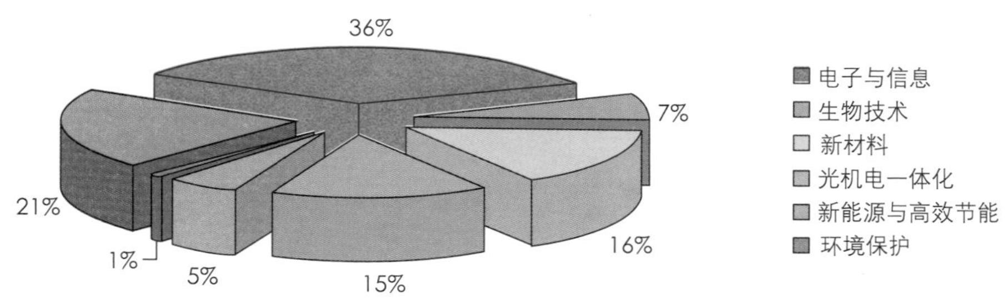

图8-3　2007年国家高新区企业产品销售收入技术领域分布

数据来源：《中国高技术产业统计数据2008》

◎ 创新基地

2007年，高新区人均工业总产值为62.57万元，是全国平均水平的6.23倍；国家级孵化器在孵企业44 750家，累计毕业23 394家；火炬计划特色产业基地工业总产值达21 557亿元；实现技术合同交易额2 226亿元。

国家高新区对其所在城市经济发展起到了巨大推动作用。在54个高新区中，高新区工业增加值占所在城市工业增加值的比重达到30%以上的有17个。从地区生产总值来看，有8个高新区的地区生产总值占所在城市地区生产总值的比重达到20%以上。

◎ 资源节约

国家高新区对资源节约和环境友好型社会发展做出了积极贡献。2007年，国家高新区规模以上工业企业平均万元产值综合能耗0.198吨标准煤，平均增加值综合能耗0.51吨标准煤/万元，仅为全国规模以上工业企业平均水平的40%。

三、和谐园区和生态园区建设

◎ 经济协调

高新区在提升自主创新能力同时，发挥辐射和带动作用，推动周边区域经济快速发展。无锡高新区通过代管乡镇建设配套科技工业园区、南北携手共建无锡－徐州新沂工业园，走出一条高新区、周边地区和欠发达地区互动发展、多方共赢的和谐发展道路。洛阳高新区与栾川县签署合作协议，结合栾川县矿产资源和中药材品种丰富的特点，在栾川县建立以矿产精加工、植物提取、土特产深加工为主导的产业基地。潍坊高新区以凤凰山高新技术产业园为其辐射区，建设人才和技术优势突出的科技孵化器，提升凤凰山园区高新技术企业的数量和规模。

◎ 生态友好

许多高新区通过了ISO 14000环境管理体系认证，在寻求经济发展同时注重对自然环境的保护和全社会的可持续发展。苏州高新区以循环经济理念和工业生态学原理为指导，将传统的“工业链”转化为新型的“生态链”，在行业内部与行业之间资源共享、副产品互用，从而推进区域工业向高质量、高速度、高效益、低污染、生态化方向发展。长春高新区投入6 500万元用于美化、绿化环境，园区绿化率达到38%；天津高新区要求园区企业从产品设计、生产到回收处理全过程贯彻减量化、资源化、无害化。

图 8-4 中关村科技园区生态型园区建设启动大会

◎ 社会和谐

高新区在科技与经济快速发展同时，通过建设新兴城市社区，统筹城乡发展，较好地解决劳动就业、居民生活保障、社会事业发展等问题，建设一流的人居、教育、医疗等社会配套环境，给区内老百姓带来实惠。中山高新区在园区开发建设过程中，始终把农民的利益放在首位，保障每个农户有一份物业、每个适龄农民有一份工作、每个农民有一份口粮、一份社保和一个安居住所。成都高新区加大财政投入，向教育卫生、帮困救助、劳动社会保障方面倾斜，同时大力开展民政、计生、社保、就业、培训等社区便民利民服务，提升农转居人员基本素质，着力解决大学生和农民工就业。

◎ 环境优良

一种鼓励创新、崇尚知识、崇尚竞争的精神在北京中关村、上海张江、江苏南京和无锡等国家高新区内形成。郑州高新区建立高绩效的创新制度，促使各种独立的创新要素互动起来，形成相互作用和相互促进的整体。杭州高新区营造“和谐创业”氛围，探索服务创新，在提高办事效率、提供技术服务和投融资服务、引进留学人员创业者等方面屡出新招。

第三节 促进高新技术成果转化

2007 年，继续实施火炬计划、国家重点新产品计划、科技型中小企业技术创新基金、高技术产业化专项等，推动国家工程技术研究中心建设，促进了中国高新技术成果的产业化。

一、火炬计划项目

国家火炬计划重点支持以企业为主体，市场为导向，产学研结合的国家和地方重大、重点科技成果产业化示范项目，重点支持面向国际市场、具有自主知识产权高新技术产业国际化项目及重大专题集群项目；重点支持国家高新区、孵化器、高新技术产业基地、大学科技园、生产力促进中心、技术转移机构、国际合作服务机构以及海外科技园服务机构等载体内创新组织和机构能力建设，改善抚育支撑环境和产业提升支撑环境，促进企业自主创新，促进科技型中小企业群体和创新集群发展的环境建设项目。

2007 年，国家火炬计划项目立项 1 850 项，其中火炬计划引导项目 1 522 项，重点项目 328 项。从支持方向看，产业化示范项目 1 676 项，国家火炬计划环境建设项目 174 项。产业化立项项目各技术领域的比重为：电子与信息占 14.9%；生物工程与新医药占 10.8%；新材料及应用占 26.9%；光机电一体化占 33.7%；新能源与高效节能占 11.1%；环境与保护占 2.6%。全部产业化立项项目需新增总投资 466.61 亿元，其中银行贷款 159.65 亿元。项目产业化后，预计年实现工业总产值 2 747.72 亿元，销售收入 2 566.79 亿元，交税总额 224.53 亿元，税后利润 866.71 亿元，出口总额 135.761 亿美元。

产业化立项项目中，来自国家科技计划和部门、地方支撑计划项目占 18.38%；企业自行开发技术占 72.43%；国外技术消化创新项目占 4.12%；国家高新区占 29.59%。其中项目承担单位以科

专栏8-1 火炬计划实施20周年硕果累累

火炬计划实施20年，是中国高新技术产业化及其环境建设快速发展的20年，是有力推进中国科技长入经济建设的20年。20年来，火炬计划在提升区域和企业自主创新能力、建设创新型国家中发挥了巨大的集聚、引领和辐射作用，成功地探索出了具有中国特色的高新技术产业化的政策环境、运行机制和体制，培育了发展高新技术产业的创业文化和创新意识，培养了一支浩浩荡荡的创新创业人才大军，造就了一大批堪称中华民族复兴中坚力量的高新技术企业。2007年中国已有高新技术企业6万家，其研发投入占全社会研发投入比例接近45%。以国家高新区为例，20年来培育上市企业605家；年营业收入超亿元的高新技术企业超过5 000多家，其中超过50亿元的90多家，超过100亿元的83家。

技型中小企业为主，80.61%是高新技术企业；72.31%是有限责任公司、股份有限公司；5.79%是港、澳、台及外商投资企业。

174项火炬计划环境建设项目主要涉及产品设计、检测、工程中试、关键共性技术开发、信息服务等公共技术服务平台的建设，重点支持产业集群公共技术服务平台构建及创新服务组织自身能力建设、高新技术产业技术联盟的形成、高新技术产业化人才体系建设、高新技术产业国际化的创新服务活动和国内国际技术转移，以及其他服务于企业技术创新的活动。

二、重点新产品计划

2007年，国家重点新产品计划重点支持具有自主知识产权的核心技术产品开发；重点支持有利于新农村建设、加快农村产业结构重大调整和升级的新产品开发；重点支持有利于节能减排、加快节能环保技术进步的新设备、新工艺、新技术产品开发。

2007年新产品计划项目立项1 485项，其中地方科技厅(委、局)申报立项1 379项，国务院有关部门科技司(局)申报立项106项。技术领域分布：电子与信息260项，占17.5%；航空航天及交通40项，占2.6%；光机电一体化440项，占29.6%；生物技术101项，占6.8%；新材料329项，占22.1%；新能源与高效节能123项，占8.2%；环境与资源63项，占4.2%；医药与医学工程76项，占5.1%；农业38项，占2.5%；地球、空间、海洋及核技术15项，占1%。

1 485项新产品计划项目中，有164项来自于国家863、973和支撑计划，占项目总数11%；企业自行开发技术845项，占56.9%。从采用标准情况看，采用国际或国外先进标准256项，占项目总数17%；采用国家标准、行业标准或企业标准1 049项，占70.6%。从自主知识产权看，有623项项目技术申请了发明专利，占42%；有485项项目申请了实用新型专利，占32.6%。获得国家级奖励项目103项，占项目总数7%。

三、科技型中小企业创新基金

2007年度创新基金的重点工作是继续推动地方政府建立创新基金，加大地方科技主管部门的工作力度，调动地方科技主管部门的积极性，巩固以推动中小企业技术创新为工作目标的全国创新基金管理工作体系；继续完善以服务企业为导向的创新基金网络工作系统；继续发挥创新基金的政策引导作用，以实施“中小企业成长路线图计划”为切入点，努力营造科技型中小企业的创新创业环境，初步建成以市场化为目标的创新基金社会化协作体系。

2007年，国家财政较大幅度地增加了创新基金的资金预算，资金总量达到了11亿元，这是创新基金从1999年设立以来，年度预算首次突破10亿元。2007年共立项项目1 151项，计划资助金额75 505万元。

2007年7月，财政部、科技部下发了《科技型中小企业创业投资引导基金管理办法》，正式启动了创业投资引导基金项目。依据创业投资引导基金管理办法，先期启动了风险补助和投资保障两种项目类型，制定了引导基金风险补助标准、投资保障项目申报要求和评审标准，建立了创业投资引导基金专家数据库，组织了引导基金风险补助和投资保障项目的专家评审。

2007年，根据创新基金管理要求和欠发达地区科技发展实际水平，选取部分试点地区，围绕资源优势和产业优势，整合资金，有重点地、持续地支持一批科技型中小企业，提高企业的核心竞争能力，充分发挥创新基金作为中央财政资金的带动作用。

2007年，创新基金尝试对大学生科技创业进行支持。在不改变现有申报方式、渠道的情况下，选择14家小企业创新项目依托机构开展试点工作。2007年，大学生创业项目共申报46项，立项23项。

四、特色产业基地

截至2007年，共认定国家火炬计划特色产业基地169家，分布于全国18个省（自治区、直辖市），涵盖电子信息、电子材料及器件、光通讯、传感器件、生物医药、金属合金材料、精细化工材料、高分子材料、纺织材料、特种材料、汽车零部件、模具、机电基础件、电气机械、装备制造、能源环保及其他技术领域等。

2007年，特色产业基地中各类研究机构已达2 359个，其中国家工程技术研究中心87家，省级企业技术中心638家，市级企业技术中心1 284家；企业博士后工作站199家；科技企业孵化器151家。为基地配套的各类服务机构已达1 237个，其中担保机构323家，科技服务机构634家，行业组织280个。

2007年，特色产业基地39 233家企业共有从业人员763.3万人，大专学历以上人员达121.8万人，占从业人员总量16%，其中有博士学位4 523人，硕士学位25 377人，吸引留学归国人员3 495人。

2007年，特色产业基地内企业共申请国内专利38 783项，其中发明专利5 985项、实用新型专利21 492项、国外专利288项、软件著作权等699件。

图 8-5　一大型化合物半导体产业基地在深圳投产

五、高技术产业化专项

2007年，国家发改委组织实施了生物医学工程、循环经济等一批高技术产业化专项。

◎ 生物医学工程高技术产业化专项

重点支持具有我国自主知识产权和国内外重大市场前景的生物医学工程产品产业化项目，以及产业化相关技术开发及产业化重大技术支撑条件建设，重点领域为新型医用植入器械及人工器官、组织工程产品、数字化医学影像诊断设备和系统、微创诊疗设备和新型肿瘤治疗装置的产业化。

◎ 电子专用设备仪器、新型电子元器件及材料产业化专项

重点支持电子专用设备仪器，包括化合物半导体制造设备；新型电子元器件生产设备；表面贴装及无铅工艺整机装联设备；集成电路、通信产品、数字视听产品和新型元器件等的专用测量仪器。

重点支持新型电子元器件及材料，包括高档片式元器件；敏感元器件及传感器；中高档光电子器件及材料、小型化高频频率器件、组件及关键基础材料；环保型高密度多层互联印制电路板、柔性线路板及关键原材料；集成电路制造高性能关键基础材料等。

◎ 节能、清洁生产以及资源综合利用产业化专项

重点开发高效节能关键技术，包括高炉炼铁高风温关键技术，液态高铅渣直接还原工艺技术，多级换热步进式冷却水泥节能关键技术等。

重点开发化工、印染、造纸、食品加工等行业清洁生产关键技术，包括化工中间体生产中有毒有害原料替代关键技术，少水或无水印染新技术，高效染色工艺技术等。

重点开发资源综合利用关键技术，包括共伴生金属矿产资源高效利用技术，涂料级高岭土稀相换热煅烧技术，电解铝固体废弃物的无害化利用技术，废塑料、废轮胎等可再生资源高附加值先进利用技术。

◎ 循环经济高技术产业化专项

重点包括钢铁行业、有色金属行业、化工行业、建材行业和轻工行业的节能减排重大共性技术产业化示范。

◎ 新型电力电子器件产业化专项

重点包括芯片产业化、模块产业化、应用装置产业化与专用工艺设备和测试仪器产业化。

第九章

社会科技进步

2007年，围绕人口与健康、城镇化与城市发展、公共安全、防灾减灾、可持续发展实验与示范等社会发展领域的科技工作，部署和开展了一批重大科技项目的研发，取得了一批重要科研成果，为惠及百姓生活、保障公共安全、促进社会和谐提供了有力的科技支撑。

第一节 人口与健康

2007年，在计划生育与优生优育、重大疾病防治、医疗设备关键技术及产品开发、中医药现代化等方面开展了一批重大项目的研发。

一、计划生育与优生优育

编制了3D实时妇产科手术监视仪产品标准，完成了3D控制系统及软件设计，提交了3项专利申请。这些技术及标准都将直接用于3D宫腔手术超声监视仪产品。应用第三代口服避孕药开发的新一代皮下埋植剂，综合性能优异，已获得发明专利。该新型一根型皮埋剂的投产将使国内使用的皮埋避孕剂迅速更新换代，并达到国际领先水平，促进国内以知情选择为主要特点的计划生育优质服务工程的开展。初步形成一套诊治绝育术并发症的技术方案，有效诊治部分并发症病例。

二、重大疾病防治与实用卫生技术

新生儿及小婴儿复杂先心病外科疗效的临床研究工作取得了良好的社会效益。急诊CT灌注处理软件制作成功，并在全国多家医院得到应用。

建立了有自主知识产权的结直肠癌筛查和早诊早治方案，开展了癌症高发地区现场调查和干预工作，研究建立了肿瘤研究区和对照区生态对比研究调查数据库。

三、创新药物研制

在国际上首次发现人血液血管细胞生成素（HAPO）并进入新药开发阶段，世界上第一个干细胞药物“间充质干细胞注射液”等一批创新药物进入二期临床阶段；国家一类抗癌新药槐定碱及其注射液的研制取得重大进展并实现了产业化。

开展了一批药品关键检测技术研究，使药品检测技术能力得以提高，在保证药品安全和应对处理不良反应事件以及提高药品监督管理水平等方面发挥了重要作用。

四、新型医疗仪器与设备

研制成功了高性价比全自动生化分析仪BS400/BS420。脑机接口信号处理技术装置研究已开发出原型样机，并进行了实际应用。建成帕金森病脑起搏器研发及可靠性保障平台。建立了具有较高创新性的光电导航跟踪系统的配准方法。

五、中医药现代化

根据《规划纲要》提出的推动“中医药传承与创新发展”的重点任务，国务院16个部门2007年3月21日在北京联合发布实施《中医药创新发展规划纲要（2006—2020年）》，提出到2020年，中医药创新发展的总体目标，并根据中医药的特点、趋势及面临的关键问题，提出了“继承与创新并重，中医中药协调发展，现代化与国际化相互促进，多学科结合”4个基本原则。

完成了15个省份的道地药材野外调查，取得丰富的药材生态数据、药材样品和土壤样品。建立了一批中药种质资源圃、规范化种植基地及GAP技术中心。建立了一条龙中药材前处理生产线以及超临界二氧化碳萃取生产线、超微粉生产线，建成了一条计算机控制的自动化中试生产线。

中药中外源性有害残留物检测技术平台的建立与应用研究成果有效地促进了中药安全性的提高,对保障人民用药安全,打破国际中药贸易的技术壁垒，促进中药出口具有积极作用。

形成“亚健康状态测评表”、“亚健康中医症状测量表”，开发了“KY3H私人健康状态信息库—智能系统”、“亚健康监测网络与数据平台”，构建基础数据库平台，为建立适合国情的健康促进研究与实施体系奠定了重要基础。

第二节 城镇化与城市发展

重点发展了城镇区域规划和土地利用、城市综合功能提升及城镇动态监测监控技术，城镇综合节水、节能、空间开发与高效利用，基础设施建设与高效运行及信息化平台技术，居住区和室内环境改善等技术。

一、城镇区域规划与动态监测

◎ 区域规划与城市土地节约利用

重点研究区域规划与城市土地节约利用关键技术，分析国家土地利用的现状，整理出一套土地利用评价的技术方法以及促进土地集约利用的技术、方法与政策；建立起一套城市空间动态监控指标体系。完成了防灾减灾试验平台的详细设计，明确了数字防灾减灾试验平台的系统构架。

◎ 城市地下空间建设

提出了适合国情的维生疏散环境与逃生时间准则；建立了地震荷载作用下区间隧道性能的评估方法。

在地下空间开发建设的管理机制与模式以及运营保障制度、示范工程管理机制与验收评价标准、异型管幕施工技术、无人化气压沉箱施工技术、下穿越微扰动施工技术，以及其他集成技术等方面取得了较大的进展。

二、城市交通与基础设施建设

重点开展城市综合交通系统规划与功能整合、城市交通基础信息系统、城市道路通行能力与交通系统评价方法、城市公共交通运行保障、环保型道路建设与维护、城市停车设施建造和交叉口功能评价、城市轨道交通安全保障等技术的研究，形成适应城镇化与城市发展的城市综合交通系统功能提升和设施建设的关键技术体系。

重点开展城市市政管网规划设计与施工、检测监控、系统控制等关键技术的研究和装备开发。

重点研究城市基础设施设计、建设与高效运行的对策、技术、装备、系统、规程标准和示范系统。

图 9-1　服务型交通走向百姓

三、建筑节能与绿色建筑

研究开发出聚氨酯浇注工艺及无氟聚氨酯技术配方，确立了外墙饰面分别为涂料和饰面砖两种保温体系的基本构造；研制开发土壤源热泵地下换热器工程设计用测试仪器。

制定既有建筑改造政策及相关标准规范，重点研究既有建筑检测与评价相关技术和既有建筑综合改造关键技术研究，设计了评价轻集料上浮的试验装置和轻集料混凝土静弹性模量试验装置及其实验方法；完成了零石棉复合纤维增强外墙板试验室新产品配方的试制；普通现浇混凝土双向密肋装配式空心楼板得到推广应用。

研发了双电机驱动变频U型起升机构；多功能集成加工、CAD/CAM系统二次设计开发、加工轨迹仿真、刀具转换装置的设计及其应用、三维立体和回转体加工的多轴联动装置的设计及其应用、浅表面二维、刻字和浅浮雕三维加工等技术的研发也在顺利进展中。

完成了住宅设备系统性能检测塔的研究与设计；完成绿色通风空调系统评价指标分析；研制成功高强度大直径钢筋连接技术；研发大体积混凝土施工温度与裂缝控制关键技术。

完成了基于ABQUES的混凝土材料模拟UWAT、三维杆系结构动力弹塑性有限元分析程序模块开发；制备出具有强度高、韧性好等优点的纤维增强混凝土；研制开发了适用于大空间建筑和高层建筑风效应和地震效应监测的无线加速度传感器、无线振弦式应变传感器、3节点无线加速度传感器网络、监测数据远程无线传输与智能处理的软硬件集成系统。

四、城市生态居住环境质量保障

研制出成熟的隔声材料产品——铝中空复合板；制备了吸声阻尼涂料试样；制作了尖劈和粗

糙元等边界层风场的模拟装置；研制出具有高效催化净化效果的材料，研制出高效空气净化涂料、净化功能腻子和矿棉天花板，研发了沥青改性剂 SINOTPS。

五、城市信息平台

形成了运用于城市空间和名城保护规划的新型遥感技术的技术标准框架；提出了3个城市数字化相关标准草案的3个详细目录；完成了通用数据管理平台的总体设计，市政设施管理平台的搭建，市政综合系统总体设计、数据库设计与开发，以及供水管网、燃气管网、道桥管理系统、园林绿化管理系统的总体设计、数据库设计与开发。

第三节 公共安全

2007 年，公共安全领域的科技活动以推广应用为核心，从研发、管理、运行等多方面齐头并进，为建立公共安全体系、增强安全监督管理能力做出了重要贡献。

一、生产安全

初步建立了一批以煤矿等高危行业为主的安全示范企业，培育了一支较大规模、较高水平的安全科技队伍，实施和推广了一批公共安全领域的国家科技项目和安全生产重点推广计划项目，取得了显著的示范效果。

严重突出矿井瓦斯灾害综合治理技术示范项目成果的应用，使重庆松藻煤业公司2007年瓦斯抽采量 1.96 亿立方米、吨煤抽采量 40.06 m^3/t，矿井瓦斯抽采率达到 55.89%。

极薄保护层开采、瓦斯治理及综合防突技术研究帮助沈阳煤业集团红菱煤矿全面显著地改善了矿区的安全生产形势，矿井瓦斯抽采率大幅度提高，矿区“一通三防”面貌大为改观，瓦斯超限次数由过去的年上万次降至 10 次以下。

豫西“三软”不稳定突出煤层防突示范技术研究使郑煤集团公司建成了区域性的防治煤与瓦斯突出重点实验室，研究开发了 3 套豫西“三软”不稳定突出煤层防突消突专用仪表和专用技术装备，培养训练了一批防突专业技术人才队伍。

高瓦斯油气共生易自燃厚煤层放顶煤开采瓦斯治理技术集成与示范项目在陕西煤业集团铜川

矿务局的推广应用取得了显著效益。

煤与瓦斯突出、易自燃厚煤层群适用放顶煤开采的瓦斯综合防治 的研究与应用示范完善了鹤岗煤矿集团公司煤与瓦斯突出预测及防治、瓦斯抽放和开采保护层等技术，提高了示范矿井煤与瓦斯突出防治的管理手段和技术水平。

煤矿综合实时多级测控管理系统新技术为煤矿安全事故防治建立起多道防线。至2007年底已经实现全国90%以上煤矿远程多级监测监管，各产煤县市和煤矿集团公司都建立了远程多级监测监管系统与管理机构。

危险化学品道路运输车辆运行安全监控管理应用系统具有对运输车辆及货物在途中状况进行实时监控，突发事件的实时报警和监控，规定行驶路线，指定行驶区域，以及严重事故提前预警和自动报警等功能。截至2007年底，该系统已在近6 000辆危险化学品运输车辆上成功应用。

重大危险源实时监测预警与应急救援系统具有视频监控、联动报警、应急响应、应急评估与应急决策支持等功能，能够实现远程网上安全巡查、隐患自动排查与记录、事故数据自动记录与分析等功能，能够为危化品存储场所进行事前预防、事中监测、事后救援等工作提供一体化的技术支撑。

细黏尾矿坝灾变机理、控制及综合防治技术在国内20多座大中型尾矿坝中获得应用，极大地提高了细黏尾矿坝的安全和使用寿命，避免7.6万人搬迁，为解决尾矿坝的安全问题提供了切实有效的技术保障。

二、食品安全

围绕食品安全保障从“被动应付型”向“主动保障型”转变的总体目标，加强风险评估、监控检测、标准体系建设、全程控制、产地溯源体系等方面的研究取得重要进展。

实施了9个示范区课题，各个示范区在强化组织管理、加强科技攻关等方面进一步取得了重大进展，初步建立起了符合国情的食品安全运行管理体系。

建立了适合国情的食品复杂体系中多种物质的前处理和测定的集成平台技术，初步建立代谢组学高通量表征技术平台。

在收集全国膳食调查和食品污染监测数据20万套基础上，结合膳食暴露特点，建立了适合国情的暴露评估模型。

构建了以消费者、监管部门和企业等用户为引导的食品溯源系统框架，确定了食品信息分类与编码技术方案，开发了电子标签（RFID）中间件，初步建立了食品以及大型饲养动物食品全程电子编码技术和食品溯源数据库，构建了DNA识别技术和牛肉产地溯源技术体系。

完成了《食品安全风险分析工作原则》、《微生物风险评估在食品安全标准制定中的应用指南》、《食品安全紧急情况信息交流导则》的立项。

三、社会安全

通过督导检查、举办培训班、召开经验交流现场会、深度调研等措施，公安部、科技部重点指导了38个第二批科技强警示范城市的创建工作，计划投入资金已达45.8亿元；首期21个科技强警示范城市建设成效的深化和辐射工作也在进行中。目前，全国共有23个省（自治区、直辖市）开展了科技强警示范城市、示范区县、示范所队建设工作，带动了全国科技强警工作的整体发展。

第四节 防灾减灾

2007年防灾减灾领域围绕提高防范应对自然灾害能力建设，开展了一批重要科研任务，对保障人民群众生命财产安全，促进经济社会全面协调可持续发展具有重要意义。

一、地震、地质灾害

在地震灾害方面，重点开展了城市地震破坏与工程控制、活动地块边界带的动力过程与强震

图9-2 中国数字地震观测网络项目建成

预测、强震监测技术、震害防御与应急救援技术、空间对地观测项目、水库地震监测、地震电磁卫星等研究。

在地质灾害方面，重点开展了重大地质灾害监测预警及应急救灾关键技术研究，围绕区域降雨群发滑坡泥石流灾害和特大型灾难性（单体）滑坡灾害的监测、预警预报、形成机理、风险评估和快速治理技术等方面开展工作。初步查明了中国区域降雨群发滑坡泥石流灾害的时空分布规律及其主要影响和诱发因素；揭示了特大型滑坡的4类形成机制；研制出具有自主知识产权的滑坡光纤光栅传感监测仪的样机。

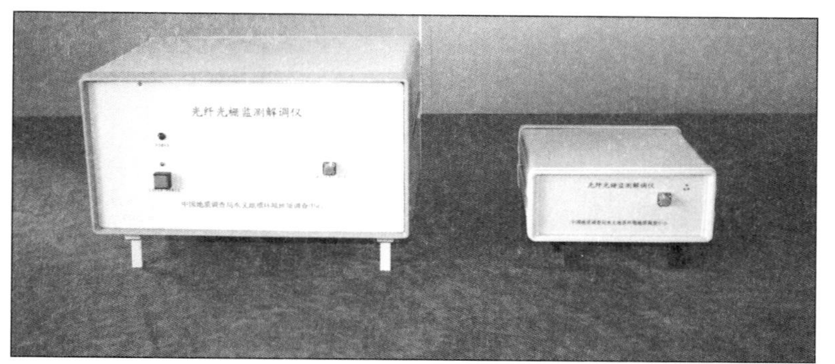

图9-3　滑坡光纤光栅传感监测仪样机

二、气象

气象领域重点开展了灾害天气精细数值预报系统及短期气候集合预测、人工影响天气关键技术及装备研发以及农业重大气象灾害监测预警及调控技术等研究开发。

◎ 灾害天气精细数值预报系统及短期气候集合预测

对全球数值预报模式动力框架及其三维变分同化方案（3DVAR）进行了改进。建立了水平分辨率为10°、垂直分辨率为31层的全球同化预报循环业务试验系统（GRAPES），完成了区域同化预报系统的升级，并在实际工作中得到推广应用。建立了精细化模式动力过程和精细尺度模式的物理过程；完成了飞机报、逐时云导风资料同化模块的开发及其在灾害天气短时预报试验系统中的应用。建立了多级模式单向嵌套逐时同化分析与模式预报循环系统（CHAF）。开展了交互式观测预报系统创新技术初步研究。

◎ 人工影响天气关键技术及装备研发

完成使用双参数云降水方案的多重嵌套模拟功能。建立了暖云撒播增雨数值模式。对室内试验设备和催化装置进行了改进，并建立5个外场试验基地；建立了气象无人驾驶飞机的“功能规格需求书”行业标准和“工程化移动工作平台”的技术规范。

◎ 农业重大气象灾害监测预警及调控技术研究

建立了集作物、产量、灾情、气象、地理背景、遥感等多种资料的数据库；建立了农业气象灾害指标体系；进行了以高分辨率网格资料为主的农业气象灾害的时空分布和迁移分析，提出了利用作物模型和统计模型提取灾损的方法。

开展遥感监测方法研究，修改和完善了作物预报模型，并进行了模型适应性分析；建立了多种统计预报模型。全面展开灾害调控试验，建立了10多个试验基地。森林防火机具的研发、抗旱抗低温制剂等配方的研制及改进、部分灾害监控系统开发等取得进展。

三、防洪减灾

围绕洪水管理的理论框架体系、洪水分析和决策支持方法、水库汛限水位设计与运用研究、水库溃坝洪水分析、防洪工程安全及风险评价、堤防工程抢险和除险加固技术等方面，部署和开展了一批重大科研项目，取得了一批重要科研创新成果。

通过这些研究，建立了多种分布式水文模型，并在实际中得到应用；进一步完善了河道、泛滥区、城市的一维、二维非恒定流分析模型。基本形成了辅助决策的洪水风险分析方法和情景分析方法。基本建立了洪水调度和评估模型。开发或完成了国家防汛抗旱决策支持系统平台、三维电子江河沙盘系统平台、洪水风险图管理平台、城市洪水预警预报平台等，为政府和有关部门的防洪减灾决策提供了高效、便捷的科技支撑。在水库溃坝机理和溃坝洪水分析计算数值模型与高新技术应用等方面取得的研究成果，逐渐成为国家重大工程安全应急管理的重要技术基础。研究了堤基管涌机理、控制标准和合理抢险范围、盖重的合理宽度、悬挂式防渗墙的作用机理。开发了软体排成套技术和施工工艺，在长江崩岸治理中取得了很好的效果。

四、海洋环境灾害防治

重点开展了“海洋环境灾害预测预报技术”、“热带太平洋温度、盐度再分析产品”等方面的研究与推广应用。其中，研制的风暴潮集合预报模式成功预报了2007年多次强台风过程。长江口杭州湾一带赤潮发生时的水文气象统计规律研究成果已得到应用。太平洋海啸传播时间模式已业务化运行。

开展了亚洲巨灾综合风险评估技术及应用研究，为即将建设的“亚洲区域巨灾研究中心”提供技术与人才支撑，提升中国处理应对巨灾的能力，同时为中国开展亚洲区域在减灾方面的外交合作奠定基础。

第五节 可持续发展实验与示范

2007年，部署和开展了“区域可持续发展科技促进行动”，旨在通过技术集成与示范，切实解决制约区域可持续发展的瓶颈技术问题。继续推动可持续发展实验区工作，提供可持续发展示范模式。

一、区域可持续发展科技促进行动

区域可持续发展科技促进行动是社会发展科技工作在政策引导类计划中的重要部署，以强化社会发展领域的科技成果集成应用与示范。重点围绕各地方节能减排、环境改善、社区医疗、食品安全等工作，注重以科技贴近生活、贴近百姓为特色，引导支持各地方在节能降耗、减少污染、促进全民健康等方面组织实施一批科技项目，以推进中国资源节约型、环境友好型社会以及社会主义和谐社会的建设进程。

二、可持续发展实验区

积极推进可持续发展实验区在践行科学发展观，提升区域可持续发展能力，促进区域经济社会全面协调可持续发展方面发挥实验示范作用。

发布了《国家可持续发展实验区“十一五”建设与发展规划纲要》，要求实验区要结合本地区经济社会发展的重大需求，在建设环境友好型、资源节约型社会、推进社会事业发展、保障和维护公共安全、促进城镇化等方面率先开展实验示范。

发布了《国家可持续发展实验区管理办法》，进一步规范了实验区管理工作。截至2007年底，国家可持续发展实验区达到63个。发布了《国家可持续发展先进示范区管理办法》，针对区域经济社会发展的关键重点问题，进行可持续发展的前瞻性探索与实践。

在国家可持续发展实验区组织实施了一批科技项目，针对地方发展生态经济、统筹城乡发展、建设和谐社区、保障公共安全、提高人口素质、能源节约与资源综合利用、改善生态环境等重点任务，开展技术应用综合示范，提升地方的可持续发展能力。

第六节
文物保护等其他社会事业发展

2007年，在文物保护、考古与中华文明探源研究等其他社会发展领域部署和开展了一系列科研任务和重大项目。

“指南针计划——中国古代发明创造的价值挖掘与展示”专项是一项涉及文化遗产、科学技术、国民教育等诸多方面的国家重大项目，以促进文化遗产保护和国家自主创新为目的，局部重点突破带动整体全面提高。启动了农业、医学、水利、人居环境、材料与加工制造、纺织、数字展示7个方面可行性研究课题和古代冶金与铸造、陶瓷、纺织品、水利工程、营造、盐业、人居环境等8个方面的试点项目。

开展《中华文化遗产保护技术研究与开发》重点专项的可行性研究工作。重点专项主要内容包括：研发一批实用型、专业型工具设备，基本建立2～3项文化遗产考古发掘工作专用系统平台，编制60项左右文化遗产保护国家或行业技术标准，完善文化遗产保护行业重点科研基地布局，建立一支基本满足文化遗产保护需要的科研人才队伍，提升文化遗产保护领域的可持续创新能力，全面支撑和引领中国文化遗产保护事业的发展。

组织实施了文物保护单位标志、文物保护单位开放服务标准、博物馆照明规范、博物馆智能化系统使用要求等5项文化遗产保护领域的国家标准研究制定项目和9项行业标准研究制定项目。这些国标和行标项目的确立和完成，勾勒出文化遗产保护领域标准化建设的框架，将为相关的遗产保护工作科学化、规范化提供有效的支撑。

国家科技支撑计划重点项目“中华文明探源工程（二）”进展顺利，取得显著成果；GIS技术的应用，使考古发现成果丰硕；“南海一号”整体打捞出水保护，标志着中国水下文物保护技术进入世界前列。

重点开展了“残障人生活保障辅具研究”、“殡葬领域污染物减排和遗体处理无害化公益技术研究与应用”等科研项目。

第十章

能源、资源与环境科技进步

2007年，中国以提高能源利用率和节约能源为目标，大力发展传统能源开发利用技术和高效节能技术。以增加资源储量、提高资源利用效率为核心，开发了一批资源勘察、高效开发利用技术。以支撑循环经济发展、改善区域生态环境质量为重点，大力开展环境监测与应急技术、污染治理、生态系统恢复与保护技术研究。同时，积极应对全球环境变化。

第一节 能源技术

加强传统能源的开发和利用，积极开发替代能源，大力研发电网技术、分布式能源技术和新能源技术，着力保障我国能源供给和能源安全。

一、传统能源开发利用技术

◎ 煤气化整体联合循环

煤气化整体联合循环（IGCC）技术在天津滨海新区、杭州半山和广东东莞投资建设的250 MW级IGCC示范电站中得以应用，已经完成了电厂设计和主设备招标。

◎ 600 MW超临界循环流化床锅炉

600 MW超临界循环流化床锅炉的设计、工艺、制造技术开始进行工程示范，目前已完成六个锅炉设计方案，并针对三个方案开始工程设计和示范。

◎ 1 000 MW超超临界褐煤锅炉

自主研发的1 000 MW超超临界褐煤锅炉已形成具有自主知识产权的制粉系统、燃烧器及燃烧系统技术。目前正在开发1 000 MW超超临界褐煤锅炉成套技术，并进行工业示范。

◎ 超超临界燃煤发电

超超临界百万千瓦燃煤机组国产化示范项目取得成功，供电煤耗为283克/千瓦时，发电热效率超过45%。按2007年华能玉环电厂实际供电煤耗计算，4台机组全年可少消耗138万吨标准煤（合185万吨原煤）。超超临界燃煤发电技术研发和应用项目获2007年度“国家科学技术进步奖”一等奖。

二、替代能源开发利用技术

◎ 煤气化联产系统技术

煤制油联产发电的示范工程已进入工程实施阶段，拟建成百万吨级煤基合成油工业示范装置，并以部分合成气和氢回收装置的尾气为燃料，供给200MW级煤气化联合循环发电。煤—油—电联产示范项目将建成18万吨/年煤基合成油示范厂，以合成油未利用的甲烷气、释放气和煤层气为燃料，联产60 MW燃气发电。

◎ 煤直接液化技术研究及工程示范

2007年，国内自主开发的直接液化工艺6吨/天PDU装置实现连续稳定运行并达到完全主动开停车，累计运行3 639小时，投煤1 080吨，获得液化粗油约300吨，煤的转化率大于90%，蒸馏油回收率大于56%，验证了工艺技术的可行性和可靠性。100万吨/年煤直接液化示范工程建设已完成98%以上，正在进行单元工程试运行。

三、电网技术

◎ 高压、特高压电网

750千伏输变电成套技术及设备的研发示范工程已正式投入运行。特高压交流试验基地和特高压直流试验基地顺利建成。1 000千伏交流、800千伏直流特高压输变电的关键技术研发全面启动，

图10-1　750千伏交流输变电网

并开始工程示范。

◎ 高压直流控制和保护系统及其工程应用

PCS-9500高压直流控制保护系统的总体结构、关键技术和测试技术取得突破。"采用突变量差动保护的交/直流滤波器保护"等16项技术成果已申请发明专利，并在多项直流重点工程中得到应用。

◎ 大电网安全稳定分析与控制

首次实现了大规模复杂系统的超实时仿真。成功开发了基于自主创新理论的电网安全稳定实时预警及协调防御系统，并在华东和江苏电网投入运行。电网调度自动化集成系统（OPEN-3000）实现了第三方软件的即插即用，为系统整合和信息共享提供了标准化和规范化的支持，解决了本行业长期以来对单一软硬件平台的依赖，大大增加了系统的开放性。该系统已在70%以上的新建电网或改造系统中得到应用。

图10-2　电网调度自动化集成系统OPEN-3000

◎ 提高输送能力关键技术

首次在东北500千伏主网进行了4次三相短路试验，开创了仿真验证新方法。提出基于分解协调优化技术的电力系统稳定器配置和参数整定方法，解决了大电网超低频振荡问题，改善了电网动态品质。

四、分布式能源技术

◎ 高效天然气热电冷联供系统

利用热泵回收烟气余热和溶液除湿的天然气热电冷联供系统技术，建成了北京南站高效能源利用系统，使得夏季满足空调负荷的能源利用效率与一般热电冷联供系统的吸收式制冷相比提高

30%，全年电热比大于 50%，经济性优于现有热电冷联供系统。

◎ 海岛可再生独立分布式能源

重点研究能量高效利用技术、蓄电技术、抗台风技术和系统防腐技术。利用太阳能、波浪能、风能3种可再生能源为孤立岛屿提供电力和淡水，建成世界上首座可再生能源联供能源示范系统。该系统无需电网或其他任何动力系统，可独立为 1 000 人左右的海岛供能。

◎ 并网型 MW 级燃气轮机分布式冷电联供

开发利用烟气余热的吸收式制冷系统技术，冷电联供机组与除湿空调的高效集成技术，利用燃气余热的高效制冷、除湿与运行控制技术。以全工况性能优化的系统集成技术为指导，建成了 MW 级佛山联供示范工程。该工程分布式供能电热比达到 0.4 以上，一次能源综合利用效率达到 75% 以上。

◎ 分布式能源微网

研发基于热电冷联供的微网单元技术、通用技术以及系统集成，建成了 MW 级分布式微网示范系统工程。开发出微网并网控制装置和保护装置，各种运行方式下与 RTDS 结合的分布式微网系统的稳态和动态数字仿真软件，含微网系统的配电系统计算机辅助规划和优化设计软件，微网监视、控制与保护协调的一体化系统。

◎ 复杂油气田高效勘探开发技术

开发了复杂油气藏地震勘探开发技术，形成了基本成熟的针对河流相等复杂岩性油气藏的技术方法和相应的软件模块。突破了火成岩作为油气储集层和成藏问题，以及火成岩发育区油气勘探的瓶颈问题。复杂采气工艺技术应用于川西致密砂岩低渗气藏、柴达木盆地疏松砂岩气藏。煤层气、油砂及油页岩等非常规油气资源勘探开发利用，非均质、多区块复式油藏多相渗流规律研究，以及复杂油藏多相渗流规律与油井结构优化配置研究取得进展。建立了复杂油藏高效开发模式，开发了微裂缝悬浮爆燃压裂增产增效技术，适合于大庆油田低渗透油藏条件提高采收率的CO_2驱油设计方法。

第二节 资源技术

重点研究水资源综合利用、矿产资源勘探开发、油气资源勘探开发、海洋资源开发利用等技术，取得了一批创新成果。

一、水资源综合开发利用技术

◎ 非常规水资源开发利用

海水淡化集成技术开发与工程示范进展顺利，建成低温多效蒸馏海水淡化装备生产基地，完成5个实验平台建设。完成了30 000吨/日热膜耦合海水淡化示范工程方案设计，其中10 000吨/日反渗透海水淡化工程已竣工投产。成功开发第一代流体声能海水淡化新装置，可在含大量泥沙和海水温度仅11℃的试验条件下，生产出符合《生活饮用水卫生标准》的高品质淡水，总产出率达到60%。采用双膜法海水淡化工艺，建成了国内沿海电厂中容量最大的海水淡化工程，每小时制水量达1 440吨，每年可节约淡水资源超过1 000万吨。云水资源开发利用进展顺利，针对引进的云粒子探测系统飞机，自主开发了包括基于卫星、雷达反演云参数方法及产品、信息实时采集获取技术、标准化处理技术、分析显示技术以及配套技术。

◎ 水资源优化配置与管理

引江济太调水试验关键技术成功应用于太湖增容工程建设，对抑制太湖蓝藻暴发发挥了重要作用，同时对我国维护河湖健康、流域生态调度、河湖水环境改善产生重要作用。依靠引进再创新开发的黄河水质监测实验室自动化改造关键技术，建立了适用于多泥沙河流特点的流动分析仪自动化测试方法和实验室自动化信息管理系统，提高了监测信息的时效性与可靠性，节约了测试成本，在水利系统水质监测工作中起到重要示范作用。

◎ 重大水利工程建设

南水北调工程科技项目部分成果已在中线工程建设中得到应用。首次采用了自主研发的直径4 m PCCP管防腐、制造及安装技术；在中线穿黄隧洞工程等建设中，渠道混凝土衬砌机械化施工等取得进展；水利工程虚拟仿真技术的实现为推进水利工程三维协同设计奠定了基础；建立的水力机械试验台在测量系统、采集系统、测试功能等方面达到国际领先水平。

◎ 工业节水

成功实施了电力和化工行业百吨级、千吨级和万吨级海水循环冷却技术工程示范，节约淡水资源1 000余万吨，实现海水代替淡水作为工业循环冷却水，降低运行成本50%，比海水直流冷却减少温排水95%。油田综合开采节水技术研制出RJ-HPAM型、SP-KL型预凝体和GJ-KL型颗粒固结体3种调剖剂，确定高含水期深部调剖的调剖剂组合方式，实施后产出液含水降低3%、年可降低产水4 380 m^3。氯碱行业节水技术与装备改进了氯碱行业干式电石法乙炔发生中试装置，已

图 10-3　南水北调工程丹江口大坝 13 号坝段高度达到 176.6 米

在新疆天业 6 万吨 / 年聚氯乙烯生产装置中稳定运行。有色行业实施厂区废水调配网络系统技术使工业用水循环利用率由原来的 88% 上升到 92%，节水 600 万立方米 / 年，每小时取水量由原来的 1 200 m^3 下降到 850 m^3，吨有色金属废水排放量由原来的 18.5 m^3 下降到 16.8 m^3。

二、矿产资源勘探开发利用技术

◎ 大型矿产基地资源勘察

以西藏、新疆等地区的成矿带为研究对象，开展了中西部大型矿产基地综合勘察技术与示范和新疆大型矿集区预测与勘察开发关键技术研究。在重要成矿带区域成矿规律、成矿模式、找矿模式和大型矿集区靶区优选研究方面获得重大突破，发现了一批远景良好的物化探异常区和找矿靶区。

◎ 危机矿山接替资源勘察

重点研究三维立体地质填图和流体地质填图技术、高分辨率金属矿地震勘察技术，大深度高精度电磁法探测技术、重磁三维反演技术和多参数联合反演技术以及数据处理解释技术与软件，开发了适合不同类型矿产深部与外围的勘察预测与综合勘察技术。拓展了危机矿山的找矿方向，部分危机矿山接替资源勘察取得重大突破，发现了一批有价值的物化探异常区和找矿线索。

◎ 矿产资源综合开发利用

开发了深部复杂条件下金属矿、煤炭资源的安全高效开采技术及井下大型无轨采矿成套装备，

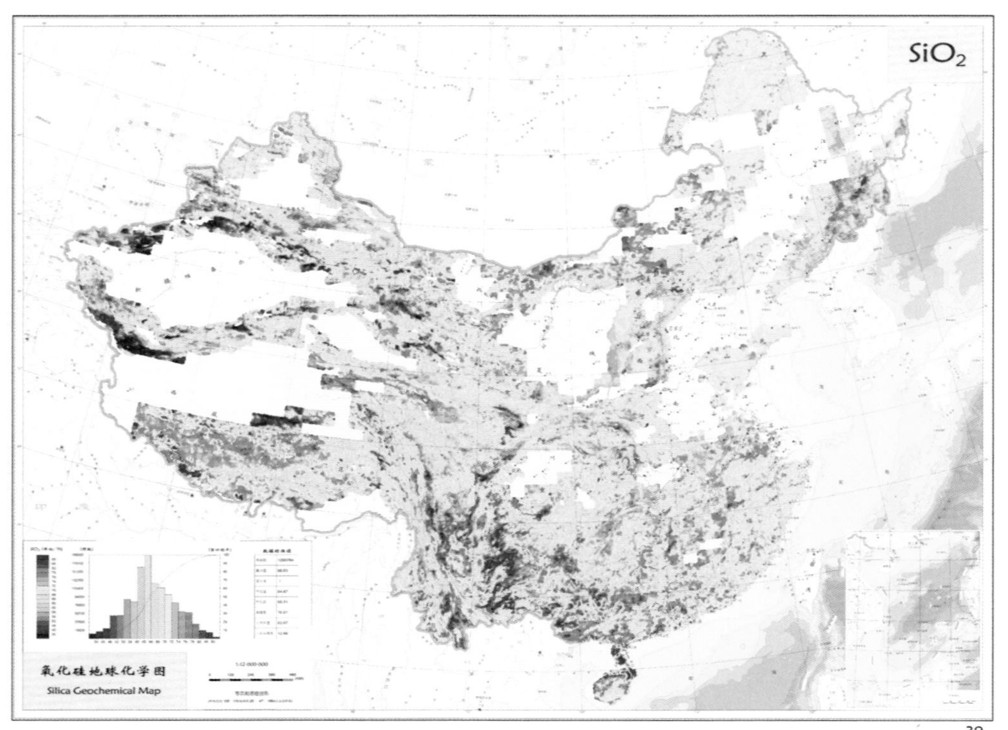

图 10-4　二氧化硅地球化学图

难处理和中低品位金属矿高效选冶技术、选冶设备及高效环保选冶药剂，高效节水型和干法选煤成套技术与装备，难选煤重介质旋流器选煤技术，金属矿生物提取技术、加压浸出技术、高效焙烧技术和长寿命铝电解槽技术等。针对阻碍我国大型多金属矿产资源基地稳步发展的瓶颈问题，开展了多金属资源综合利用关键技术攻关，进一步提高了大型金属矿产基地资源综合利用水平。

第三节 环境技术

重点研发环境监测与应急技术、环境污染治理技术、循环经济与清洁技术和生态系统恢复与保护技术，为建设环境友好型社会提供强有力技术支撑。

一、环境监测与应急技术

◎ 环境监测关键技术

对单颗粒气溶胶实时在线检测飞行时间质谱仪进行了真空系统、软件和总体集成设计。完成了天顶散射光DOAS系统整体设计及关键部件的设计加工，并在上海市崇明岛进行了为期1个月的外场测试。开展了便携式水质分析仪的结构设计和部件选型，机载多通道激光雷达海面油污染监测技术系统的搭建、部分软件设计和谱库建设，典型污染气体的散射系数与散射相函数反演和基于多光谱的水质遥感模型等研究。提出了可以用极化雷达数据实现对水质进行遥感监测，初步建立了痕量气体检测分析的实验平台。

◎ 环境污染事故应急技术开发与示范

首次系统开展了环境污染事故应急技术与决策体系建设研究，将在规范和指导中国重大环境污染事件预防和突发性的环境污染事故处理处置中发挥重要作用。重大环境污染事件的甄别、评估、预测和预警以及处理处置的关键技术研究与集成，重点建立以风险控制为核心的重大环境污染事件应急技术体系，可为饮用水源、农产品和淡水生物、大气等严重污染的累积性暴发和偶然性突发的重大环境污染事件提供系统方案。

二、环境污染治理技术

◎ 远洋船舶溢油与压载水处理

成功开发了海上溢油遥感监测技术，获取的渤海海上溢油雷达图像，为“渤海07海上溢油应急演习”的成功提供了重要的技术保障。

◎ 城市污水处理厂节能减排

构建了全国大中城市污水处理厂绩效评价指标体系和填充案例数据库,研发了无动力滗水器、脉冲式SBR法深度脱氮工艺、短程硝化反硝化工艺、反硝化除磷技术、低氧微膨胀等节能新技术，在工业应用中成效显著。

三、循环经济与清洁生产技术

◎ 冶金行业清洁生产

河南义马万吨铬盐清洁生产示范工程试车一次性成功，实现连续稳定运行，并拟投资建设3万吨项目。具有自主知识产权的氧化铝清洁生产技术已开展万吨级工程放大实验。氧化钛清洁生产技术将开展年产千吨级氧化钛的示范工程。

◎ 重点轻工行业清洁生产

无硫化钠和石灰的脱毛浸碱猪皮制革生产技术突破了传统制革生产的技术瓶颈，使制革过程节水30%，氨氮和污泥排放减少90%。完成染料废水与菌群/载体协同共生生化技术的开发及应用，可使污水中各种污染物均有大幅度减少，例如CODcr每年减少7 392吨，BOD5每年减少1 807吨。剥麻打麻一体化设备和生物脱胶工艺研制成功并应用于生产。

◎ 化工行业清洁生产

成功研发一步法催化加氢合成DL-氨基丙醇技术，降低了DL-氨基丙醇的成本，市场占有率将超过60%，提高了喹诺酮产业链的核心竞争力。成功开发了α-氨基酮类紫外光引发剂907合成清洁生产核心技术，产量从400吨/年激增至1 800吨/年，占全球60%～70%的市场份额。

◎ 废弃物循环利用

废旧轮胎超细粉碎与再生利用技术成功应用于43公里高速公路的建设。开发建成了国内第一套拥有自主知识产权的烧结机余热回收发电装置及炼钢烟气余热回收发电装置，建成了共计120万吨矿渣微粉生产线。直混式蒸汽换热技术和基于电力变频器和PLC反馈控制的变频调速、调载技术已在苏州光大环保产业园、南京轿子山供热工程中得到应用，减排温室气体5万吨，获得温室气体减排交易35万欧元。废印刷线路处理工艺和电路板破碎专用刀具的研发已申请4项专利，并在苏州设计和安装了两条人工拆解、自动传输的废电脑拆解线。

四、生态系统恢复与保护技术

◎ 荒漠化监测与防治技术

初步建立了过去10万年以来不同时期沙漠/沙地空间分布格局及其在气候变化作用下的演变过程模型。布设了沙尘暴西路路径沙尘观测系统，基于流行病学方法和受风沙危害地区的城乡医疗数据库，初步建立了风沙天气导致不良健康效应的评价方法。对荒漠化防治的农牧业传统知识和技术进行集成示范，制定了示范的技术内容、组装配套措施和效益评价方法，以及荒漠化防治关键地区筛选技术框架。

◎ 退化生态系统综合整治关键技术

大幅度增加了半干旱黄土丘陵区退化生态系统恢复技术示范区面积，建设乔灌草干旱适应与恢复技术示范区面积170公顷，喀斯特高原退化生态系统综合整治技术模式建成示范面积达1 002公顷。在青海、西藏组织开展了3个高寒草地退化生态系统综合整治技术模式示范区建设。围绕三江源生态移民后续产业发展，开展了系列畜牧与饲料加工技术开发与示范工程建设，在贵南县建成年产5 000吨饲草料加工生产能力，三江源生态后续产业发展已形成牛羊近万头的规模。

◎ 重大工程区建设生态保护与建设

配合南水北调重大工程，完成对丹江口库区生态功能分区区划，开展了约2 000亩面积小流域治理综合技术示范区建设。实施了南四湖人工湿地水质净化系统退耕还湿工程。初步形成了金沙江流域乌东德、白鹤滩、溪洛渡、向家坝四个水电开发项目和雅砻江流域的二滩水电站等西南重大水电工程区生态保护技术方案与技术规划。基于地理信息系统和数据库管理技术，构建了生态环境信息基础平台，实现相关数据的计算、查询及空间属性分析功能，为深入开展生态评估及治理技术开发与示范奠定了基础。

◎ 生态监测与决策支持系统

在长江中上游西南山区退化生态系统综合整治技术与模式研究中，建立水土流失监测点20个，初步构建了干热河谷、低山、中山、高山/亚高山森林及林草交错带的生态恢复和水土保持综合效益评价指标体系，建立了较完整的西部典型生态区属性数据库和空间数据库。

◎ 生态恢复综合技术体系规范与行业技术标准

完成了5套长江中上游西南山区退化生态系统综合整治技术体系与规范的编写工作。形成龙眼、芒果、柠檬、杨桃、莲雾等技术规范5套，川贝母、羌活、黄芪、甜樱桃等4项行业标准。高寒草地退化生态系统综合整治技术和模式研究获得了三江源区适宜草种的选育及栽培技术、草地放牧利用技术规范、退化草地植被恢复改良技术规程。“宁夏黄土丘陵区造林技术规程”等地方技术标准已通过审定。

第四节
全球环境技术、方法与对策

积极应对全球环境变化，加强环境监测与模拟研究，实施应对全球环境变化行动，并积极推动应对全球环境变化国际合作。

一、全球环境监测与模拟

◎ 全球气候数值预测技术

在短期气候集合预测技术研究方面，提出了“利用历史相似信息对模式预报误差进行预报”的新思路，从而将动力预报问题转化为预报误差的估计问题，并发展了一种基于相似误差修正的预测新方法（FACE）。利用IAP数值气候预测系统（IAP2L AGCM），成功解决了全球模式质量守恒性、模式顶层（10 hPa）气温随时间积分逐渐下降、模式并行计算与优化、重力波拖曳参数化等问题。重点就3DVAR中有关插值程序及其伴随模式计算、湿度分析选项、卫星观测资料的同化方案进行了试验改进。

◎ SRES气候情景技术

完善了中国区域21世纪高分辨率（水平格距几十公里）的SRES A2/B2气候情景。对历史典型年份影响太湖流域的台风进行了25 km × 25 km和50 km × 50 km水平精度的模拟。应用SRES气候情景，分析了21世纪各个时段不同升温幅度气候变化对自然生态系统的影响，得出全国自然生态系统受到的不利影响随温度上升而越来越严重，但总体上没有出现不可自适应的结论。

◎ 第24次南极考察

在第24次南极考察期间，组织了我国历史上投入装备最多、规模最大的一次内陆考察，以更大规模再次问鼎冰穹A。取得了以南极冰穹A科学、内陆建站选址和中国内陆冰盖支撑能力建设为代表的重要成就。彰显出中国南极考察能力的提高，中国内陆冰盖考察已经能够到达南极冰盖的任何区域。

◎ 海洋卫星

海洋一号B卫星发射圆满成功，卫星应用效果显著。以获取我国海洋动力环境遥感信息为目标的海洋二号卫星工程正式立项。初步形成了中国近海和邻近大洋的气候变化观测网络，该观测网络除在我国渤海海峡、东海、南海开展观测外，在热带印度洋也开展了海气相互作用和季风观测。

◎ 近海环流变异及其对气候变化效应

中国近海环流变异及其对气候变化效应研究深入分析了亚澳季风各子系统的年际变异及其与ENSO的关系，为进一步研究中国近海和邻近海海洋环境要素对东亚季风年际变异和ENSO循环的

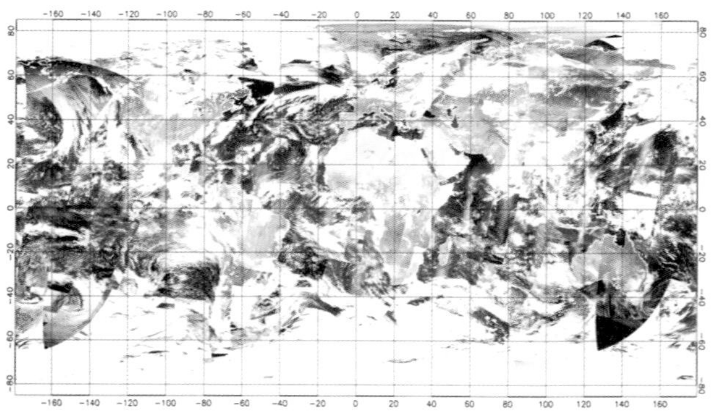

图10-5　海洋一号B卫星发射及全球探测覆盖区域示意图

响应提供了科学依据。同时，开展了西北太平洋和印度洋环流及其变异研究。

二、全球环境变化应对行动

◎ 低碳经济调研

根据国际气候变化最新发展趋势，编制完成了低碳经济调研报告，分析了低碳经济的背景、实质、内涵与外延及对中国和全球的影响、机遇与挑战等，探讨了中国发展低碳经济的政策、路径和科技支撑体系。

◎ 节能减排全民科技行动

着眼于全民节能减排的潜力，首次全面、系统地提出了6个方面36项日常生活行为的节能减排潜力量化指标，编写出版了《全民节能减排实用手册》，开发了全民节能减排计算器。结果表明，个人生活点滴中的节能减排潜力巨大，如果大家积极参与，36项日常生活行为的年节能总量约为7 700万吨标准煤，相应减排二氧化碳约2亿吨。

◎ 中国应对气候变化科技专项行动

科技部、国家发改委等14个部委联合制定了《中国应对气候变化科技专项行动》，积极促进气候变化领域的自主创新与科技进步，依靠科技进步控制温室气体排放，全面提高应对气候变化的能力。

专栏10-1 中国应对气候变化科技专项行动

《中国应对气候变化科技专项行动》是中国为应对气候变化日益增强的影响而制定的重要科技行动纲领。提出了到2020年中国气候变化科技工作要实现的六大目标以及“十一五”期间的阶段性目标，明确了4个方面的重点研究任务：一是气候变化的科学问题；二是控制温室气体排放和减缓气候变化的技术开发；三是人类适应气候变化的技术和措施；四是应对气候变化的重大战略与政策。

三、应对全球环境变化政策

◎ 促进应对气候变化政策制定

2007年6月，国务院成立了国家应对气候变化领导小组，制定了《中国应对气候变化国家方案》。组织专家和有关部门起草和完善了“中国关于加强适应气候变化国际合作的倡议”。参加了2007年《联合国气候变化框架公约》第13次缔约方会议暨《京都议定书》第3次缔约方会议，以及两次附属科技咨询机构会议。参加了政府间气候变化专门委员会（IPCC）第四次评估报告的国际、国内评审和发布工作。

◎ 加强应对全球气候变化国际交流与合作

参加了《京都议定书》清洁发展机制（CDM）执行理事会的8次会议，为制定于我国有利的国际规则发挥了重要作用。加速推进我国CDM能力建设和项目开发，促进清洁发展机制国际合作。与联合国开发署合作启动了“实现联合国千年发展目标的清洁发展机制项目开发”项目，在中西部和老工业基地为主的12个省份新建立地方CDM技术服务中心。目前，已在27个省市区建立了CDM技术服务中心，极大地推动了我国CDM项目的开发和对外合作。开展了中欧、中英碳捕集与封存（CCS）技术研发，开始申请欧盟第七框架计划下的CCS合作项目。

第十一章 区域科技发展与地方科技工作

2007年，全国区域科技工作在完善区域科技政策、支撑地方特色经济社会发展、探索科技合作模式、推动区域创新体系建设等方面取得了积极进展，部省（自治区、直辖市）会商、民族和边疆地区科技工作也有所突破，深入推进了东、中、西部和东北老工业基地的科技发展。

第一节 进一步完善区域科技政策

遵循市场经济规律，突破行政区划界限的区域科技政策不断完善，促进了区域科技资源布局的调整和优化，在全国推动形成了若干带动力强、联系紧密的经济圈和经济带，重点推动了泛珠三角、长三角、北部湾等地区间的重大科技合作。同时，重大科技项目布局充分向中西部地区倾斜，加大了对革命老区、民族地区、边疆地区和贫困地区发展扶持力度。

一、支持地方经济社会发展

从地方经济社会发展的客观需求出发，通过部省会商、科技计划等方式，支持和鼓励由地方牵头组织实施若干重大项目。围绕新农村建设、生态环境恢复与重建、优势特色产业发展、公共服务能力建设、科技基础能力建设以及人才队伍培养等，采取政策推动、项目支持、对口支援、互动合作等方式，加强中西部地区的科技工作；抓住事关东北地区经济社会发展的关键问题，在装备制造业、电子信息、生态环境、健康与安全、现代服务业等领域安排了一批重点科技项目。

二、引导建立新型科技合作模式

围绕建立稳定的地区间科技合作模式与机制，科技管理部门积极引导和促进区域科技合作。在科技部的指导和推动下，东部地区和中央单位对口支援西部地区的工作力度进一步加大，新疆同东部十省市建立了科技合作联席会议制度，形成了长期稳定的科技合作机制；重庆、四川、贵州、云南、西藏等省（自治区、直辖市）共同成立了西南地区产学研联盟，建立了各方高层互访互动机制；重点推进京津冀、长三角区域科技合作机制，优化了科技资源布局，加强这些地区在国家创新体系中的战略地位；科技部在西部地区建立了两个国际科技合作重点研究机构，对西部开展国际科技合作给予了大力支持。

三、推动区域创新体系建设

2007年，区域创新创业服务体系建设继续得到重视，更加符合市场经济发展要求，创业孵化、技术转移、科技咨询以及专业投融资等服务能力不断增强。各省（自治区、直辖市）纷纷启动了“企业创新能力培育科技工程”、“企业技术创新引导工程”等，不断加强科技基础条件平台建设。制定了符合实际情况、具有一定可操作性的鼓励创新的实施办法和细则。

四、加强欠发达地区科技能力培育

以民族和边疆地区为重点，贯彻落实《民族区域自治法》，加强对少数民族等欠发达地区基本科技能力的培育和促进工作，大力推广先进适用技术，深入开展科技培训、科技扶贫和科学普及工作，不断提高民族地区人民群众的科学文化素质和增收致富能力。以特色产业开发和生态环境建设为重点，积极探索加快民族地区经济社会协调发展的新路子。积极组织全国科技界的力量，开展对西藏、新疆的对口支援，充分发挥科技对民族地区经济社会发展的重要作用。

第二节 重点区域与地方科技工作

2007年，科技部充分发挥科技在区域发展中的支撑和引领作用，扎实推进区域科技发展，形成了地方科技工作蓬勃发展的可喜局面。

一、重点区域科技工作

针对不同区域的发展特点和需求，围绕推进东部地区率先提升自主创新能力，鼓励中部地区积极探索，促进西部地区加强科技能力建设，推进东北地区产业调整和机制创新，有效推动了重点区域的科技创新与发展。

◎ 东部地区率先提升自主创新能力

长三角地区引领创新型区域建设提上日程。科技部会同相关部门通过开展深入调研，提出了增强长三角地区整体自主创新能力的思路、重点任务以及相关政策建议。为进一步推进科技合作，上海、江苏、浙江三地联合编制了《长三角科技合作三年行动计划（2008—2010年）》（征求意见稿），签订了《沪苏浙共同推进长三角创新体系建设协议书》，形成了联席会议制度，开展了水资源、海洋生态等重大项目的联合攻关，推动了科技资质互认制度，启动了长三角科技公共服务平台建设，并开通了“长三角大型科学仪器设备协作共用网”。

天津滨海新区科技体制改革与创新进展顺利。2007年，完成了滨海高新区建设总体思路研究和发展改革规划的编制工作；进一步修订了《天津市高新技术企业认定管理办法》；滨海新区通过与中国航天科技集团、中国华能集团等共建研发机构和高科技产品生产基地，促进了科技资源聚集；在开发区设立天津滨海天使创业投资基金，推动了民营创业投资基金发展；组织编写了首批5个技术平台建设的实施方案，促进技术平台建设。

图 11-1　中国新一代运载火箭产业化基地在天津滨海新区奠基

泛珠三角地区科技合作长效机制正在形成。2007年12月，科技部在广东省肇庆市召开“泛珠三角地区区域科技合作座谈会暨科技信息服务现场会”，针对区域科技合作与发展的工作思路以及在科技信息服务与信息化建设工作中的先进经验和有效做法进行了有益的探索。

◎ 中部地区积极探索激励创新的政策体系

近年来，科技部围绕建立创新型国家和实施中部崛起战略目标，通过积极整合资源、完善机制、优化环境，促进中部区域创新体系日渐形成。2007年12月，中部两大城市群——武汉城市圈、长株潭城市群被批准为全国“两型”社会综合配套改革试验区，并围绕资源节约型和环境友好型试验区的科技创新体系建设进行了多方面的积极探索，对有利于创新的政策机制探索也在逐渐深入，以武汉、长沙、合肥等为中心的创新城市圈已具雏形。

◎ 西部地区继续加强科技创新能力建设

进一步加强科技基础设施建设。2007年，科技部在甘肃、四川、云南、重庆等地新建了“冰冻圈科学国家重点实验室”等5个国家重点实验室，在西藏和甘肃新建了3个地球物理国家野外观测研究站，还新建了8个省部共建国家重点实验室培育基地和5个国家级企业重点实验室。

加强西部科技人才队伍建设。2007年共培训新疆和西藏两地干部近200人次，继续组织实施“西部之光”人才培养计划。

安排启动一批重大支撑计划项目，2007年国家支撑计划启动74项由西部地方牵头组织实施的重大项目，支持经费16.4亿元，占2007年支撑计划地方牵头项目总经费的31.7%。

◎ 东北地区着力推进产业调整和机制创新

围绕优势产业，实施重大项目。据统计，2007年国家科技计划共支持东北地区项目经费12.3亿元，比2006年的8.7亿元提高了40%以上。特别是启动了23项由东北地方牵头组织实施的重大项目，安排国拨经费5.6亿元，对东北地区的经济社会发展起到了重要的支撑作用。

依靠科技进步，促进县强民富。一是围绕地方优势特色产业的发展，深入实施科技富民强县专项行动计划，由中央财政支持东北地区25个县市试点，促进特色产业发展。二是以国家星火科技计划和农业科技成果转化专项等为主渠道，进一步促进地方科技成果的转化和产业化。三是加大科技培训力度，提升科技管理干部和广大群众的科技素质。

面向国际舞台，完善国际合作机制。通过国家科技合作计划对东北地区与俄罗斯等国的科技合作给予重点支持，取得明显成效。2007年，科技部通过在沈阳召开中国城市创新论坛，与东北三省共同举办第三届“东北亚高技术及产品博览会”，开办发展中国家技术培训班，支持国际技术转移公共服务平台、创新－创业接力中心建设等措施，使东北地区的创新创业环境得到进一步完善。

二、地方科技工作

2007年，地方科技工作在进一步完善区域创新体系、大力发展区域特色优势产业、解决区域

图11-2 高原煤化工程环保先行——煤场挡风墙

经济社会发展中的重大科技问题等方面都取得了新的进展。

◎ 区域创新机制环境不断优化完善

2007年，各省（自治区、直辖市）通过实施“企业创新能力培育科技工程”、“企业技术创新引导工程”等手段，变注重单一企业、单一技术为注重共性、关键问题，强化创新资源按市场化机制的组织和联系，通过制定创新型企业建设标准，抓企业研发机构建设、抓产学研技术创新联盟、抓政策落实等举措，加快提升企业创新能力。许多省市十分重视科技基础条件平台建设，通过加大扶持省级重点实验室、工程技术研究中心、生产力促进中心等措施，形成了一批具有较高水准的研发平台，从科研条件和技术手段上更好地保障了区域创新能力的提升。区域创新创业服务体系建设更加符合市场经济发展要求，创业孵化、技术转移、科技咨询以及专业投融资等专业服务能力不断增强，骨干科技中介机构在推动区域科技进步上发挥了重要作用。为贯彻落实《规划纲要》相关配套政策，各地分别制定了符合实际情况，具有一定可操作性的实施办法与细则，并先后出台了相关地方性科技政策法规。

◎ 区域特色优势产业进一步壮大

围绕区域特色资源合理开发与利用，采取有力措施，推动区域特色优势产业的发展。各地在摸清自身资源优势特点的基础上，科学地整合资源，加强产业技术攻关和产学研一体化机制的建设，进一步完善社会化科技服务体系，不断优化区域科技发展环境，有力地促进了区域资源优势向经济优势的转化。东部省份高技术产业发展迅速，增强了科技对提高外向型经济水平、增强国际竞争力方面的支撑能力；中部六省农业、能源等支柱产业和特色产业技术水平持续增高；西部省份积极应用先进适用技术与组织管理模式，促进了区域特色产业的发展；东北三省在加强高新技术改造传统产业的同时，积极发展新兴产业，促进了产业结构的优化升级。

◎ 区域重大需求催生重大科技创新成果

2007年，各地围绕节能减排、民生科技等经济社会发展的迫切需求，涌现出了一批具有地方特色的重大科技成果。很多省市高度重视节能减排科技工作，大力推广先进适用技术，着力开发拥有自主知识产权的关键技术和配套技术，建立了工业废水循环利用、城镇垃圾焚烧发电、能源回收及利用技术装备等技术应用示范试点，形成了一批竞争力较强的企业、品牌和产品。在关注民生惠及百姓方面，各省市围绕绿色建筑、生态环保、疾病防治、食品安全、减灾防灾等民生热点，加强了研发攻关与技术推广，不断取得新的突破。

第三节 部省重大科技合作

部省科技合作加强了国家对区域和地方重大科技需求和问题的支持力度，已经成为新时期科技工作的重要内容。2007年部省合作紧紧围绕部省（自治区、直辖市）会商、科技奥运、科技世博等重点科技工作全面展开。

一、部省会商

2007年部省会商工作取得了较好成效。科技部先后与新疆、广西、河南、重庆、甘肃等5个省（自治区、直辖市）签订了部省（自治区、直辖市）会商制度议定书，并与安徽、上海、湖南等省份进行了年度工作会商。截至2007年底，全国共有17个省（自治区、直辖市）与科技部建立了部省会商工作机制。

◎ 制定发布了《科技部部省会商工作管理暂行办法》

为有序、持续推进部省会商工作的全面、深入开展，2007年2月科技部印发了《科技部部省会商工作暂行管理办法》，对部省会商的内涵和思路、重点、入门条件、工作程序等方面做了统一认识和要求。

◎ 依托科技计划统筹落实部省会商工作任务

2007年，为落实部省会商任务，使国家部署和地方需求紧密结合，在深入调研和了解地方重大科技需求的基础上，科技部启动实施了国家科技支撑计划地方重大项目（一把手工程），优先和重点支持部省会商议定的内容，使这些重大项目切中地方经济发展的热点和难点。

二、科技奥运

科技与奥运的结合已成为现代奥运会的时代特征，在6年多科技奥运工作的基础上，针对奥运筹备建设面临的新形势，2007年国家进一步明确了“奥运科技（2008）行动计划”在奥运筹备建设决战阶段的主要工作目标：

一是在奥林匹克中心区域的交通实现零排放，在中心区域的周边地区和交通优先路线上，实现低排放。二是使太阳能、风能和地热等绿色能源在奥运场馆的采暖、制冷等方面的供应达到26%以上。三是在奥运主要场馆及设施大面积使用半导体照明和地（水）源热泵等高效能源利

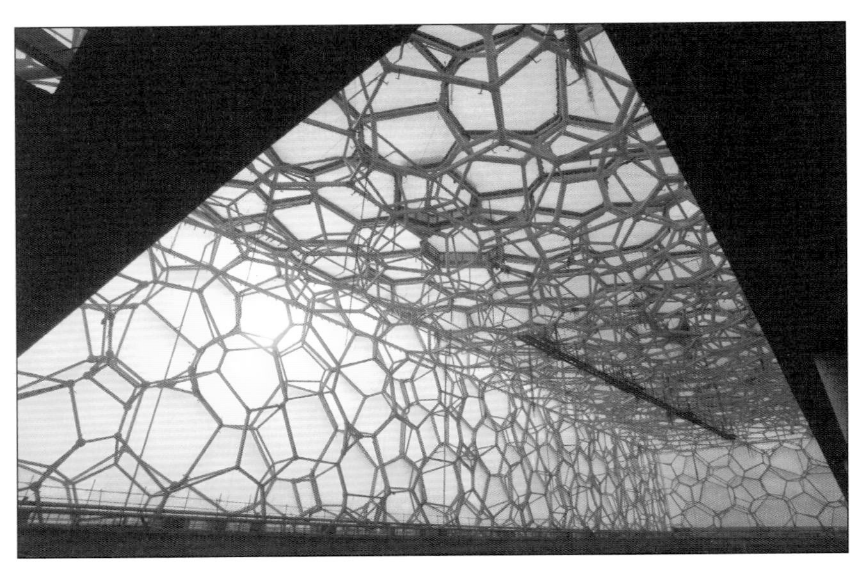

图 11-3　对“鸟巢”、“水立方”等场馆进行结构设计优化，攻克了一批建筑技术难题

用技术，实现节能60%～70%。四是实现奥运场馆（区）多年平均雨水综合利用率超过80%，奥运场馆内中水回用、污水处理再生利用率达到100%。五是实现市区道路路网群体交通诱导覆盖率达到80%以上，奥林匹克交通优先路线平均时速不低于60公里，以及对5 000辆奥运车辆监控服务。六是基本实现4个any的奥运信息服务目标，满足奥运会期间各方面的个性化信息服务需求。

2007年，“科技奥运”建设继续围绕奥运需求在科技奥运专项的基础上，集成全国科技资源，启动实施了“支撑绿色奥运　科技专项行动”，并积极开展科技奥运国际合作，全面支撑了奥运建设工作，取得了卓有成效的进展。

◎ 以高科技全方位落实“科技奥运”的理念

围绕现代奥运的特点和北京筹办奥运会的科技需求，重点突破了奥运会开闭幕式、火炬传递

等大型活动中的关键技术，集中攻克了与奥运赛事组织、媒体服务相关的信息、通信、声像等核心技术，成功突破了若干奥运场馆关键施工技术，为打造高科技与中国文化完美结合的开闭幕式和火炬传递仪式、为奥运会赛事的顺利组织和高效运行、为奥运场馆的施工建设等都提供了有力技术支持。

◎ 以先进、适用的清洁技术全面落实“绿色奥运”的理念

围绕奥运工程节能环保以及建设资源节约、环境优美的生态型城市目标，广泛开展了一系列清洁技术的开发与应用示范，为落实“绿色奥运”理念提供了全方位的科技支撑。包括全面采用先进环保的新能源汽车技术，促进奥林匹克公园中心区域交通零排放；采用太阳能、风能、地热等绿色能源和高效节能技术，推进奥运工程节能减排；集成运用经济适用节水技术，提高奥运场馆的水资源综合利用效率等。

◎ 科技保障以人为本的奥运城市服务与安全

围绕智能交通、气象预报、信息服务、奥运安保等关键技术研究，重点开展了智能交通技术和气象探测精细化预报技术、多语言综合信息服务网络系统研究，为奥运城市交通、气象、信息服务水平的提高提供了科技支撑；开展了大量的支持奥运安全保障的奥运场馆安保、食品安全等关键技术研究，为奥运安全、顺利举行提供了科技保证。

三、科技世博

2007年，世博科技专项在项目组织和布局方面继续推进，针对世博会的实际需求在场馆建设、能源、运行、展示、安全、环境等方面开展课题研究，加大世博科技行动的宣传工作。

◎ 整合全国力量组织项目攻关

世博科技专项是科技部联合国家9部委与上海市共同组织的科技专项，在具体项目的组织上，世博科技行动计划领导小组注重发挥各部委的作用，举全国科技界之力为世博服务。针对世博会建设、运行和展示等方面的科技需求，目前已开展了98项世博科技课题研究，包括世博园与世博场馆规划设计导则研究、世博园区地下空间的综合利用和开发技术、异构环境下的系统与数据整合核心技术研究、2010年世博会规划建设全过程的控制管理等。

◎ 开展了世博科技行动的宣传与展示

在继续前两年举办世博科技行动展示活动的基础上，2007年5月在上海科技节期间，举办了“科技，让世博更精彩”专题展示活动，通过世博科技150年历史回顾展、新媒体及光电互动展、创意休闲展、儿童科普展等4大功能展示，向公众宣传了150年以来历届世博会的科技成果及科普

知识，介绍可能在2010年上海世博会上获得应用的部分科研成果。

第四节 民族与边疆科技工作

2007年，全国科技援藏工作深入落实，全国科技支疆行动已全面启动和部署，国家和少数民族地区的联动机制得到进一步加强，各项工作都取得显著效果。据统计，2007年国家科技支撑计划共安排7亿元经费用于支持民族地区的重点科技项目。

一、科技援藏

依靠科技进步促进西藏的发展和建设是科技界的重要任务和义不容辞的责任。2007年西藏科技事业和科技援藏工作取得新的重要进展。

◎ 继续加大对西藏科技发展的倾斜支持力度

在1996年和2005年国家两次召开全国科技援藏工作座谈会基础上，国家对科技援藏工作进行了全面部署，各省市科技部门积极响应，认真落实。据初步统计，截至2007年底各省市科技部门与西藏共签订了69个援藏项目，协议资金4 300多万元，目前绝大部分的项目和资金已经落实，国家“十一五”科技计划安排在西藏实施的科技项目经费目前已达8 000多万元。

◎ 科技援藏经验交流会顺利召开

2007年6月，科技部和西藏自治区人民政府共同召开“科技援藏经验交流座谈会”，推动新时期科技援藏工作迈上一个新台阶。这次会议重点总结了各地落实第二次援藏会议的情况，充分交流援藏工作中取得的经验，明确新时期科技援藏的任务，认真研究新机制、新途径，持续不断地将科技援藏工作推向深入。

二、科技支疆

科技部组织全国科技系统启动实施了“全国科技支疆行动”，建立了科技部和新疆的高层会商机制，集成国家和地方的科技资源更好地服务新疆经济社会发展的重大科技需求，加强了部区联动。

◎ 全面启动和部署了科技支疆工作

2007年，科技部会同新疆维吾尔自治区人民政府、新疆生产建设兵团在北京共同召开了“全

专栏11-1 科技支疆工作6大重点任务

按照科技部《关于推进科技支疆工作的若干意见》（征求意见稿）的有关内容，为推进科技支疆工作的全面实施、促进新疆又好又快发展，科技支疆工作重点围绕如下6大重点任务展开：

一是依靠科技支撑，促进以新疆特色优势产业为重点的经济发展；二是高度重视科技惠民工作，推进以改善民生为重点的科技进步；三是促进经济发展与生态环境的协调，推动新疆又好又快地发展；四是加强东中西联合，构建向西开放的国际科技合作新格局；五是充分发挥人才和智力支疆的关键作用，提高科技服务水平；六是加强科技基础条件建设，大力提高科技支撑社会经济发展的能力。

国科技支疆行动启动大会"，全面启动和部署了"全国科技支疆行动"，出台了《关于推进科技支疆工作的若干意见》，明确了科技支疆工作的指导思想和组织机制，对科技支疆工作的重点任务进行了全面部署，广泛动员全国科技力量支持新疆的建设和发展。

◎ 国家各类科技计划加大了对新疆的支持力度

近年来，科技部不断加大对新疆经济社会发展的支持力度，在矿产资源开发利用、节水农业技术和产品开发、环境保护和可持续发展、维药现代化研究等领域，2007年国家共安排实施了13项面向新疆的国家科技支撑计划重点项目，包括中国新疆和中亚邻国矿产资源对比研究与高效勘察技术、干旱绿洲农业节水技术及产品开发、准噶尔盆地的南缘荒漠化生态系统恢复与重建技术研究与示范、维吾尔医药的现代化研究与产业化示范等，共安排经费3亿多元。973计

图11-4 "死亡之海"——新疆塔克拉玛干沙漠腹地现绿洲

划围绕国家资源安全重大需求，部署了中亚造山带大陆动力学过程与成矿作用重大项目，以建立大陆增生成矿理论框架和成矿预测体系，为国家矿产资源接续基地和西部资源安全通道的建设提供科学依据。

三、其他少数民族地区科技工作

◎ 设立西部欠发达地区创新基金专项试点

创新基金紧密围绕欠发达地区资源和产业优势，有重点地支持一批科技型中小企业，培育产业集群的形成，促进欠发达地区产业结构调整，提高创新基金支持效果。2007年设立了西部欠发达地区专项试点，选择了西藏、新疆、青海、宁夏作为试点单位，针对有地区资源优势和产业特色的项目进行专项支持，2007年专项试点共立项20项，支持金额为1 460万元。

◎ 积极推动当地创新基地的建设

针对少数民族地区产业基础较为薄弱和区位优势不明显的情况，科技部积极推动民族地区特色产业基地建设，并通过火炬计划重点项目等方式帮助少数民族地区挖掘地方优势资源，带动产业结构调整。同时，进一步加强民族地区科技创新基地建设，在2006年全面启动依托转制院所和企业建设国家重点实验室工作的基础上，2007年科技部批准了首批36个实验室的建设申请。

为落实国务院关于支持青海等省藏区和宁夏回族自治区经济社会发展的重要指示精神，完成了赴青海和宁夏的调研工作，形成了支持这些民族地区经济社会发展的调研报告和相关意见。

第十二章 国际科技合作

2007年，中国的国际科技合作以党的十七大精神为指导，紧密配合国家经济、科技和外交战略，以改革创新为动力，按照“以提高我国自主创新能力为中心，服务于社会主义现代化建设和国家外交工作两个大局”的新时期国际科技合作工作基本定位，解放思想、开拓创新，取得了新的进展。

第一节 多边和双边科技合作

截至2007年底，中国与世界上96个国家和地区签订了102个政府间科技合作协议或政府间经济、技术合作协议，签订了1 000多项部门间科技合作协议，形成了较为完整的政府间双边和多边国际科技合作框架。

2007年以来，一些发达国家相继主动出资与中国联合支持优先领域的合作研发，据不完全统计，这些对华科技合作专项资金总额每年约合7亿多元人民币。

一、中美科技合作

中美科技合作出现了政府间合作、科研机构间合作、企业间技术合作以及科技人员交流并举的良好局面。

◎ 中美政府间科技合作活动

在《中美科技合作协议》框架下，中美政府间科技合作工作进一步加强。2007年5月，第二次中美战略经济对话在华盛顿召开，会上两国通过了《在战略经济对话框架下加强创新合作的原则与成果》，并签署了《中美AP1000核反应堆核安全合作备忘录》。作为重要后续活动之一，2007年12月中美创新大会在北京召开，中美共商创新合作事宜。2007年，中国与美国续签了《农业科技合作议定书》，新签了《电动汽车合作附件》。

◎ 重大科技合作成果

2007年10月，中美在基础研究领域最大的合作项目——大亚湾反应堆中微子实验，在深圳大亚湾核电基地破土动工。大亚湾反应堆中微子实验国际合作组有中国、美国、俄罗斯等六个国家和地区的34个研究单位参加。目前，项目的方案设计与论证、探测器的设计与关键的小模型实验已顺利完成，已具备设备制造的条件，即将开始生产。

◎ 产业科技合作的新进展

在科技部等部门的大力推动下，华能集团加入了美国“未来发电”计划企业联盟，通过参与国际合作，跟踪、掌握清洁能源开发的前沿技术。同时，华能集团在国内提出的“绿色煤电”计划2007年12月得到了美国博地能源公司的加盟，“绿色煤电”迈出了国际化合作的重要步伐。此外，中国还与美国能源部、加拿大自然资源部启动了镁合金车体研发合作。

二、中欧科技合作

欧盟及其成员国是中国国际科技合作的重要伙伴。2007年，中国与欧盟的科技合作进一步加强，酝酿启动中欧科技伙伴计划，并与欧盟成员国启动了一系列双边战略合作计划，取得了丰硕的合作成果。

◎ 中欧科技年

2006年11月，科技部和欧盟委员会科研总司共同举办了“中欧科技年”活动。中欧科技年是中欧开展科技领域高层次战略合作的重要成果，为双方实现全面深入合作创造了条件。一年来，双方组织了展览会、论坛、学术研讨会等各种形式的活动共计40余场，召开了后续能源研讨会、中欧中医药大会和中欧第一次机器人研讨会。2007年下半年还举办了4场中欧科技合作研讨会，这些活动为中欧科技合作开拓了新的领域。

◎ 中欧科技伙伴计划

2007年11月，在“第六次中欧科技合作指导委员会会议”上，中欧双方一致同意决定建立对等合作机制，启动“中欧科技伙伴计划”。根据该计划，中欧双方将在共同确定的战略优先领域，联合征集、评审、确定伙伴合作项目，并各自给予每年不少于3 000万欧元的投入。

◎ 与欧盟成员国的合作

2007年，中国与欧盟各国的科技合作进展顺利。1月，中国与意大利联合签署了《关于建立中意中医药联合实验室合作谅解备忘录》。2月，与法国国民教育、高教和科研部签署了关于电动汽车的合作协议；9月，与瑞典教育与研究部在北京共同举办了第二届“中国—瑞典科技周”，科技周活动对研究和创新政策、材料科学、能源环境和气候等6个重点领域进行了讨论，双方在以“第四代及超前通信技术”为核心的移动通信、中瑞生物医药联合研发中心等方面达成了初步合作意向。9月，“中荷清洁发展机制能力建设项目”启动，该项目是荷兰ING银行支持江西省、重庆市、黑龙江省、广东省、福建省、天津市等地方政府提高CDM方面能力的无偿援助项目。9月，中法签署《中法科技战略合作联合声明》；此外，经过协商努力，中法先进研究计划（PRA）由纯交流性质转变为中法双方在优先领域共同集中投入，支持研发合作项目。11月，中英两国首个大型科技合作计划——中英创新合作计划正式启动，其核心是支持具有商业潜力的合作研究的概念验证。同时，中英碳捕集与碳封存实现燃煤发电近零排放项目正式启动，旨在通过碳捕获与埋存技术在中国开发和展示欧洲先进的近零排放煤炭技术。

◎ 重要进展

在欧盟框架计划合作下，中欧建立了2.5G高速互联网，大大提高了中欧之间信息交流和科学数据交换的能力。中德激光联合实验室进展顺利，德方提供的先进激光设备已经到位。中英合作的干粉煤加压气化技术，首次获得了中国煤种的高温高压煤气化反应特性数据。

三、中俄科技合作

随着中国的经济发展和科技进步，俄罗斯与中国的科技合作出现新趋势。“做共同创新的科技合作伙伴”已成为中俄战略协作伙伴关系的重要内容之一。

◎ 中俄国家年

继2006年成功举办“在中国的俄罗斯年”之后，2007年中俄两国举办了“在俄罗斯的中国年”，科技是中俄国家年活动中非常重要的一个方面。在此期间，双方共集中举办了25项内容丰富的科技活动，包括举办科技展、召开系列高水平学术研讨会、开设科技合作专题论坛、组织大型科技项目推介和对接会等，这些活动加强了中俄两国的沟通，促进了中俄科技界和企业界之间的相互了解，促成了一批高水平科技项目的成功对接，推动了地方国际科技合作平台的建设。

◎ 对俄科技合作重点项目

在2007年8月召开的中俄总理定期会晤委员会科技合作分委会第十一届例会上，中俄双方决定从政府层面上共同支持开展一批中长期重点科技合作项目。2007年11月，在莫斯科举行的中俄总理第十二次定期会晤期间，双方签署了《中华人民共和国科学技术部和俄罗斯联邦科学与创新署关于在科技优先发展领域开展共同项目合作的谅解备忘录》。目前，首批重点项目已经开始启动。

◎ 重要进展

中俄技术经济合作项目——田湾核电站1、2号机组分别于2007年5月17日和8月16日投入商业运行，该项目是中俄两国迄今最大的技术经济合作项目，也是目前中国单机容量最大的核电站。田湾核电站1、2号机组2007年全年发电量100.18亿千瓦时，其中1号机组年度累计发电57.46亿千瓦时，上网53.11亿千瓦时；2号机组年度累计发电42.72亿千瓦时，上网39.74亿千瓦时。2007年11月，通过与俄合作，中国研制的首个7 000 m载人潜水器开始下水试验。

图12-1 田湾核电站2号机组汽轮机首次冲转成功

四、中日韩科技合作

2007年，在中日韩三方的共同努力和积极推动下，首届中日韩科技部长会于1月在韩国召开，标志着中日韩科技合作步入了新的发展阶段。自此，中日韩科技部长会与中日韩科技合作局长会两个机制将并行存在，分别从政策交流及具体合作两个层面推动中日韩科技合作更为有效地开展。

2007年中日科技合作取得了一系列新的突破。首先，在2007年12月底日本福田首相访华期间，签署并发表了"中日两国政府关于进一步加强气候变化科技合作的联合声明"，这是新中国成立以来中日科技合作的首个政府间联合声明；第二，中日科技合作联委会首次升格为副部长级；第三，启动了与日本科学振兴机构（JST）的联合资助研发计划，在新材料、IT和生物医药领域滚动资助联合研发；第四，签署"中日核聚变合作计划"文件，进一步开展环境和能源技术合作。此外，在中日政府间JICA渠道技术合作和花甲专家邀请方面继续保持历年规模。在两国的共同努力下，中日科技合作取得了一些高水平的成果，如清华大学国家摩擦学重点实验室与日本精工公司合作开展中日纳米级光滑表面加工和改性研究，先后研制成功用于磁头表面亚纳米级抛光和磁盘表面化学机械抛光的抛光技术；武汉理工大学与日本航空宇宙研究开发机构（JAXA）和日本航空宇宙技术振兴财团（JAST）等合作，在2005年10月合作研究开发出了国际上第一台千瓦级太阳能高效热电－光电复合发电实验系统的基础上，经过近两年的实验，该系统被证明可以实现太阳能从紫外线、可见光到红外线的直接转化利用，开辟了太阳能高效、低成本发电利用的新的技术途径。

2007年是中韩建交15周年，也是中韩政府间科技合作协定签署15周年，为促进两国科技合作，中韩科技部于7月共同举办了中韩科技周活动。科技周期间，双方在北京召开了中韩科技合作第九次联委会和“中韩科技合作高层政策研讨会”，举办了“中韩（天津）生物技术合作论坛暨中韩生物技术项目合作洽谈会”等一系列活动。在联委会的机制下，双方合作研究重点集中在信息通讯、航空航天、传统医药、环境监测和治理、生命科学、新材料技术、应用激光技术、高新技术产业化等领域。双方还积极探讨联合研究开发中心的合作，目前已建有大气科学研究中心、新材料研究中心、生命科学研究中心和光电技术研究中心等。

五、与其他国家的科技合作

中加科技合作。2007年1月，中国与加拿大政府签署《中华人民共和国政府与加拿大政府科学技术合作协定》，这是中国政府对外签署的第100个双边科技合作协定。5月，首届中加政府科技合作联委会在加拿大渥太华举行，会议决定在能源、环境、卫生、农业四个领域成立科技合作工作组并正式启动中加政府科技创新合作基金，未来四年内两国政府将共同出资1 050万加元支持科技创新与产业化合作，双方同意共建中加氢能与燃料电池联合研究中心。除了联邦政府外，魁北克省、阿尔伯达省、不列颠哥伦比亚省分别与中国科技部签署科技合作协议并出资联合支持合作研究项目。6月，科技部与加拿大国际发展研究中心签署协议，启动中国西部区域自主创新战略研究项目。

中新科技合作。当前，中国与新加坡正在就共建联合创新平台进行讨论，探讨开展生态城科技合作，推动双方在互动数字媒体技术领域的合作。

中澳科技合作。2007年，科技部与澳大利亚教育、科学与培训部支持在共同感兴趣的优先领域建立联合研发中心，先后成立了中澳轻合金联合研究中心、中澳干细胞联合研究中心和中澳表型组学联合研究中心。

中蒙科技合作。2007年7月，中国与蒙古召开了科技合作联委会，签署了《中蒙政府间2008—2010年科技合作计划》及《中蒙科技合作联委会纲要》，成立了中蒙技术转移中心，并启动了一批合作项目，使中蒙科技合作迈入了一个新的阶段。

中巴科技合作。中巴地球资源卫星02B星成功发射，中国科学院计算所同巴西COMSAT公司签订25万台龙芯2E紧凑型计算机的合同。

中阿科技合作。中国同阿根廷共同建设的卫星激光测距站填补了中国在南半球和西半球的空白，为卫星的精密定轨提供了在中国本土无法测控的宝贵资料。

中以科技合作。浪潮集团与以色列的五家企业在电信、软件、信息安全等领域达成了合作意向。

此外，中国与东欧和独联体国家在微电子、光学、激光技术、机械制造、信息技术、生物技术、医药、生态农业等领域取得了一批令人瞩目的合作成果，许多成果实现了产业化。

第二节 国际大科学、大工程计划

2007年，中国牵头组织实施了中医药国际科技合作、新能源国际科技合作等计划，并积极参与了伽利略等一系列国际大科学计划，国际影响力不断提升。

一、中医药国际科技合作计划

2006年启动的“中医药国际科技合作计划”于2007年进入实施阶段。2007年6月，科技部在欧洲成功举办“中欧中医药国际科技合作大会”，来自中国和欧洲18个国家的400多名代表参加了此次会议，确定了5个方向的合作内容。11月，中医药国际科技合作大会在北京召开，来自41个国家、地区和国际组织的近500位代表参加了会议。与会代表共同发表了《中医药国际科技合作北京宣言》，就政府间推动更广泛的中医药国际合作达成共识，并组建成立了中医药国际科技合作专家委员会的筹备委员会。通过这两次大会，国际上加强了开展中医药国际科技合作的共识，为开展实质性合作奠定了基础。

二、可再生能源与新能源国际科技合作计划

2007年11月，科技部与国家发改委联合正式启动可再生能源与新能源国际科技合作计划。计划优先支持五个方面：太阳能发电与太阳能建筑一体化；生物质燃料与生物质发电；风力发电；氢能与燃料电池；天然气水合物开发。此外，中国还结合双边科技合作工作的开展，在可再生能源和

新能源领域组织了一批实质性的国际合作项目。如2007年与意大利合作启动了四川麻枫树生物柴油开发与产业化示范、上海崇明岛1兆瓦太阳能光伏示范工程等可再生能源领域的大型合作项目。

三、国际热核聚变实验堆计划

2007年，在国际热核聚变实验堆计划（ITER计划）框架下，中国与ITER国际组织及其他各方的交流取得了很大进展，高层接触频繁。2007年8月，十届全国人大第二十九次常委会批准通过了《ITER组织协定》及《ITER特豁协定》，完成了中国加入ITER计划的法律程序。10月，ITER国际组织正式揭牌成立，对ITER设计的技术评估工作也接近尾声，各国的各项采购包任务也已经全面启动。

四、伽利略计划

2007年11月23日，欧盟各国财长同意2008年从欧盟预算中拨出24亿欧元资助伽利略计划，从而解决了资金问题，11月30日，欧盟所有成员国就伽利略计划的项目合同分配方案达成一致。

为更好地参与伽利略计划，中国积极采取了措施。2007年5月，伽利略合作计划部际协调委员会第三次会议在北京召开，讨论了中国支持的伽利略计划项目、目前面临的困难以及拟采取的对策等。7月，中欧伽利略计划合作联合指导委员会第三次会议在布鲁塞尔举行。

五、E-XFEL和FAIR大科学项目

欧洲自由电子激光同步加速器（E-XFEL）计划和离子与反质子加速器（FAIR）计划是在德国建设的两大基础科研设施建设计划。E-XFEL项目总投资为10.85亿欧元。FAIR计划总投资11.5亿欧元。自2005年11月中德双方签订参加E-XFEL和FAIR大科学项目准备阶段谅解备忘录以来，中国相关研究院所积极参与了这两个大科学项目。其中，中科院高能物理所和北京大学积极参与了E-XFEL项目；中科院近代物理所被确定为FAIR工程在中国合作的协调单位，并在工程第一期中负责建设累积环（CR）和超导分离谱仪（SFRS）的磁铁和真空系统。2007年11月，中德双方就中方参与两大科学项目的投入事宜达成了意向。

六、人类微生物组学计划

"人类微生物组学计划"是继"人类基因组计划"之后开始的又一重大国际基因组测序计划，其目标是把人体内共生微生物群的基因组序列信息测定出来，而且要研究与人体发育和健康有关的基因功能。2005年10月，美国、巴西、法国、德国、英国、日本和中国等13个国家的代表参加了人

类微生物组学计划第一次协调会议。2006年，中国与法国启动了“中法人体肠道元基因组”合作。随着欧洲其他国家的加入，该合作已上升为中欧人类微生物组合作。2007年12月，“国际人类微生物组联盟成立大会”在美国华盛顿举行，中国成为“人类微生物组学计划”的发起方之一。

此外，除以上六大计划外，中国牵头组织的人类肝脏蛋白质组计划以及参与的全球对地观测系统、国际综合大洋钻探计划、氢能经济国际合作伙伴计划都在顺利地开展。

第三节 “国际科技合作计划”

2007年，“国际科技合作计划”转变计划管理模式，在组织和管理上进行了一系列改革和创新：建立国际科技合作项目备选库，实行项目需求库、备选库、立项库三库管理模式，加强国际科技合作计划与政府间科技合作的衔接，进一步规范和加强国际科技合作与交流专项经费的管理，修订《国际科技合作与交流专项经费管理办法》。

一、项目分布

2007年，国际科技合作计划共批准立项170项，其中紧密围绕国民经济、社会发展和国家安全的重大需求，重点在节能减排、可再生能源和新能源领域、中医药领域立项51项，安排经费10.5亿元。按照合作项目数统计，俄罗斯、美国、德国、日本、澳大利亚、法国、乌克兰、加拿大分别名列前八位。

二、经费投入

2007年，国家财政投入国际科技合作与交流专项经费4.5亿元。其中，300万元以上的项目有25项。通过国际科技合作计划引导，共整合了国内国际科技合作经费投入8亿多元，其中，外方合作单位投入约2.8亿元，其他来源经费约2.35亿元。

三、主要成效

截至2007年，国际科技合作计划共资助项目1 173项，已验收结题项目228项，其中2007年度通过验收结题的项目62项。这些国际科技合作项目取得的丰硕成果和重要进展，为促进国家科技发展总体目标和科技外交目标的实现做出了重要贡献。一是有助于解决国家急需的重大战略需求和关键技术瓶颈。例如，通过国际科技合作，“高性能氟醚橡胶”项目成功研制出用于航空航天的高性能氟醚橡胶，使中国成为继美国、俄罗斯、日本之后世界上少数几个掌握该技术的国家之一。二是为优化中国经济结构、转变增长方式提供技术支撑。“CO_2减排技术与其产物资源化及低NOx燃烧和SOx控制与多污染源脱除一体化技术的研究”，引进吸收国外最新的燃煤多污染物控制技术，开发出国际一流水平的洁净煤综合利用技术，为中国燃煤发电的可持续发展提供了有力的技术支撑。三是促进企业技术创新，引领和带动新兴产业发展。新疆特变电工股份有限公司通过成功引进和消化吸收国外技术，全面掌握了输变电装备领域的众多高端技术，拥有了750kV架空导线等输变电前沿产品的自主知识产权，为实现特高压交直流变压器、电抗器等重大装备的国产化提供了重要保障。四是提升中国的国际影响力和地位。“中美磁约束核聚变研究”、“中国参与ITER建造项目关键技术前期预研合作研究”等项目，加速了中国与世界核聚变研究的接轨。

第四节 国际科技合作基地建设

2007年，为整合国际科技资源，实现国际科技合作方式向“项目—基地—人才相结合”的战略转变，科技部联合其他相关部委和省市加强了国际科技合作基地的建设工作，取得了实质性进展。

一、国家级国际联合研究中心

为支持国内重点科研机构扩大国际科技合作，鼓励其与国际一流科研机构建立长期合作伙伴关系，强化在基础研究、前沿技术、竞争前技术方面的合作研究，2007年12月，科技部与国家外国专家局批准中国科学院物理所、北京大学、清华大学等33家科研机构建立首批国家级国际联合研究中心。这些联合研究中心具备以下重要功能：一是开展高水平科技合作的重要基地；二是吸引和凝聚国际优秀人才的高地；三是利用全球科技资源提高自主创新能力的示范区；四是建设世界高水平科研机构的先锋队；五是管理体制创新的实验区；六是产学研结合和成果扩散的平台。

二、国际科技合作基地

2007年11月，科技部合作司授予山东省科学院海洋仪器仪表研究所等具备良好国际科技合作基础并取得卓越成效的全国55家单位为首批国际科技合作基地。这些基地都具有很强的国际科技合作实力和潜力，将积极拓展国际科技合作渠道，创新合作方式，提升合作层次，致力于发展成为技术领先、人才集聚的国际化研发基地。

三、国际创新园

天津滨海国家生物医药国际创新园、山东济南国家信息通信国际创新园和苏州工业园区国家纳米技术国际创新园是中国省（市）部共建的三个大型国际科技合作基地，2007年园区的建设工作都取得了很大的进展。天津滨海国家生物医药国际创新园启动了其核心区天津国际生物医药联合研究院的建设工作和17万平方米国际生物医药孵化器的规划工作，与意大利、美国、瑞典等一批著名的生物医药研发机构联合开展了一批生物医药合作研发项目，聚集了一批留学生研发团队落户天津。山东济南国家信息通信国际创新园通过积极开展对外宣传和推介活动，已经引进美国百利通石英振荡器生产项目在内的8个项目。这些项目总投资63亿美元，投产后预计可实现年销售收入150亿美元，利税30亿美元。苏州工业园区国家纳米技术国际创新园主要以中国科学院苏州纳米技术与纳米仿生研究所、苏州工业园区生物纳米科技园和中科纳米科技产业化基地为依托。苏州工业园区与芬兰国家技术局签署了“关于开展纳米技术联合研发和产业化的合作备忘录”，与美国、日本、韩国、德国等多个国家建立了纳米技术领域的合作关系；中国科学院苏州纳米技术与纳米仿生研究所与芬兰国立技术研究中心、香港科技大学光电子技术中心、苏净集团等签署了合作协议；苏州工业园区生物纳米科技园也与5家创业投资公司和5家新入驻的纳米技术企业签署了合作协议。

第五节
科技援外

科技援外是中国加强与发展中国家合作和友谊的重要途径之一。通过开展对外科技培训和援建示范项目等方式，中国积极帮助发展中国家发展科学技术，增强科技基础，从根本上推动其经济和社会发展。

一、对外科技培训

2007年，中国共举办了34个发展中国家技术培训班，来自73个国家的774名学员参加了培训。培训班的数量较2006年增长了30.8%，学员人数增长了41.8%。针对发展中国家的需求并结合中国的优势，培训领域选择了现代农业技术、能源、水资源和环境保护、中医药现代化、生物医药、信息技术等技术领域。培训项目的承办单位侧重发挥科技园区、国际科技合作基地和大中型高技术企业在国际科技合作中的主体作用。

2007年，对外科技培训主要有以下几个特点：一是响应2006年中国领导人在中非论坛北京峰会上所做的“今后3年为非洲培训15 000名各类人才”的承诺，采取集中面向非洲学员培训和分散培训的方式，加大对非援外科技培训力度，共有22个非洲国家的130名学员接受了培训，较之2006年的45人增长了近2倍。二是开拓科技培训的形式，鼓励“走出去”办班，支持国家节水灌溉工程技术研究中心（新疆）到巴基斯坦为其30名学员进行为期10天的节水灌溉技术培训，加强中巴在节水灌溉产业方面的合作。三是重点扶持大型科技企业承办对外培训班，使这些企业的数量从2006年的5个增加到2007年的11个，进一步促进了中国企业的对外合作。这些培训班的举办深化了中国与发展中国家的传统友谊，促进了与这些国家在科学技术领域的合作与交流。

二、发展中国家示范项目

2007年，中国—南非政府间合作项目“中南远程医疗合作研究”的成果在南非得到进一步推广，并在南非部分省区得到产业化应用，合同金额达到300万美元。该项目成果还将在南非周边国家推广应用。

中国援阿尔及利亚数字地震台网建设项目竣工并顺利交接。该项目于2005年5月启动，旨在帮助阿尔及利亚提高地震监测能力，项目主要包括建设固定地震观测台网、流动台网和数字地震台网中心。2006年12月项目完成了台站建设和所有设备的安装调试，2007年1月开始试运行。2007年11月，中阿两国政府签署《中国政府援助阿尔及利亚民主政府数字地震台网项目交接证书》，标志着项目顺利完成，开始正式运行。

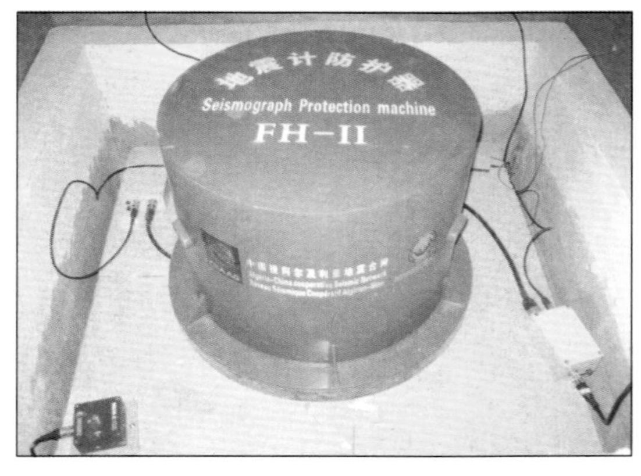

图 12-2　中国援建阿尔及利亚的数字地震台网

2007年，中国政府积极支持“吉尔吉斯斯坦生态环境保护与自然资源管理规划”、“塔吉克斯坦农业用水资源开发调查及典型节水灌溉区试验示范”、“乌兹别克斯坦援建杂交水稻联合实验室”、“在吉尔吉斯斯坦建立中国农牧业技术示范园”等项目，进一步加强了对中亚国家的科技援外工作。

第十三章 科普事业

2007年，政府继续从各个方面加强科学技术普及工作，相继出台了一系列关于科普事业发展的政策规划，组织了许多有影响的科普活动，进一步完善了科普基础设施。公众对科学技术的理解进一步提高。

第一节 重要科普政策

2007年，相关政府部门出台了一系列重要的科普政策，规划部署未来的科普工作，加强相关的制度建设，推动科普事业的发展。

一、新修订的《科技进步法》中对科普工作的若干规定

新修订的《科技进步法》从法律的角度充分体现了科普工作的重要意义，鼓励科普事业的发展，为科普工作提出了明确的方向和严格的要求。

《科技进步法》中规定，国家发展科学技术普及事业，普及科学技术知识，提高全体公民的科学文化素质，主要在以下几个方面重点关注科普事业发展：鼓励传播和普及农业科学技术知识；鼓励结合技术创新和职工技能培训，开展科学技术普及活动；设立向公众开放的普及科学技术的场馆或者设施；科学技术协会和其他科学技术社会团体按照章程在促进科学技术普及事业发展方面发挥作用；科学技术普及作为财政性科学技术资金应当投入的主要方面之一；国务院科学技术行政部门应当会同国务院有关主管部门，建立科学技术普及资源等科学技术资源的信息系统，及时向社会公布科学技术资源的分布、使用情况；国家鼓励国内外的组织或者个人捐赠财产、设立科学技术基金，资助科学技术研究开发和科学技术普及等。

二、发布《关于加强国家科普能力建设的若干意见》

2007年1月17日，科技部、中宣部、国家发改委、教育部、国防科工委、财政部、中国科协、中国科学院等8部门联合发布了《关于加强国家科普能力建设的若干意见》（以下简称《意见》）。《意见》指出"十一五"期间加强国家科普能力建设的主要任务包括：繁荣科普创作，大力提高科普作品的原创能力；加强公众科技传播体系和科普基础设施建设，建立更加广泛的科技传播渠道；完善中小学科学教育体系，提高科学教育水平；完善政府与社会的沟通机制，促进公众理解科学；加强示范引导，进一步提高科普工作的社会动员能力；专兼职结合，建设高素质的科普人才队伍等。通过加强对科普工作的领导和协调、加大科普投入、完善科普奖励政策、加强国家科普基地建设、建立国家科普能力建设的监测和评估体系、加强科普的理论研究、加强科普资源共享等一系列加强国家科普能力建设的保障措施，推动科普工作的开展。

三、贯彻落实《全民科学素质行动计划纲要》的相关政策

2007年是贯彻落实《全民科学素质行动计划纲要》的关键一年，相关部门出台了多项具体的落实政策。全民科学素质工作领导小组办公室发布了《全民科学素质行动2007年工作要点》，对2007年的具体工作进行了详细部署。科技部、中国科协启动了《中国公民科学素质基准》文本的起草工作，制定出公民在科学素质方面应具备的最基本标准。到2007年，全国共有31个省（自治区、直辖市）、新疆生产建设兵团以及260个地（市、州）、1 355个县（市、区）成立了本级全民科学素质工作领导小组；24个省（自治区、直辖 市）制定省级主题工作方案。

在重点人群科学素质行动计划方面，农业部、中国科协联合制定了《2007年农民科学素质行动重点工作》。农业部、中国科协、中组部、中宣部、教育部等17个部门共同组织编写了《农民科学素质教育大纲》，明确了农民科学素质教育的主要内容。中组部把科学素质内容纳入中央党校、国家行政学院以及干部教育培训机构教学计划。广西、河北、浙江、黑龙江、甘肃等省还分别出台了针对领导干部和公务员、城镇劳动人口、农民等人群的科学素质行动计划的实施方案。

在科普基础设施建设方面，建设部、国家发改委、中国科协发布实施了《科学技术馆建设标准》，中国科协、科技部联合启动了《科普基础设施发展规划》的编制工作，对未来2～3年的科普基础设施发展工作进行规划。

为了推进"科普资源开发与共享工程"的实施，中国科协还制定发布了《科普资源开发指南（2007）》和《科普资源质量及规格要求（试行）》，引导、鼓励、支持和规范社会各界开展科普资源的开发工作。

第二节
重大科普事件与活动

2007年，社会上出现了一些社会影响比较广泛的科技事件，以此为契机开展的科普活动起到了良好的科普效果。由相关政府部门和机构推进的重要科普项目，在本年度继续推进，取得了瞩目的成就。

一、重大科普事件

◎“动车组”正式亮相

4月18日，中国铁路正式实施第六次大面积提速和新的列车运行图，运行最高时速达250公里和300公里的国产化动车组相继亮相。这标志着我国铁路从此跨入高速时代，成为媒体和公众关注的热点。

◎太湖蓝藻爆发

5月底至6月，江苏无锡太湖蓝藻爆发，导致无锡自来水发臭，无法饮用，100多万市民饮用水受到影响，使得公共环境安全问题再次成为各界热议的话题。

◎中国数字科技馆试运行

中国数字科技馆于本年度开始试运行，并于9月正式亮相于全国科普日活动主会场，引起现场观众强烈反响。该馆于11月荣获本年度世界信息峰会“电子科学类”大奖，该奖项是全球互联网领域的最高奖项。

> **专栏13-1 中国数字科技馆**
>
> 中国数字科技馆作为国家科技基础条件平台项目，由中国科协、教育部、中国科学院共同建设。它以30个主题虚拟博物馆、40个网上互动科学体验馆、9大类科普资源库和专用信息共享平台为建设重点，既面向全国公众特别是青少年开展科普宣传教育，又为全国基层科普组织及相关机构提供科普资源信息交流和共享服务。目前，中国数字科技馆已建成11个虚拟博物馆、14个科普栏目和10个体验区。

◎“嫦娥一号”探月成功

10月24日，中国自主研制的首个月球探测器“嫦娥一号”卫星发射成功；11月26日，卫星传回的第一幅月面图像正式公布。这标志着中国首次月球探测工程取得成功。“嫦娥”飞天前后，媒体进行了大量追踪报道，再次掀起了太空探测科普热潮。

二、重要科普活动

2007年，科技活动周、全国科普日等重要科普活动继续推进。各部门推陈出新，积极探索形式多样的科普活动。

◎ 科技活动周

2007年科技活动周于5月19日—25日在全国开展，本届科技活动周继续以“携手建设创新型国家”为主题，突出三个系列的科技活动：重点宣传科学发展观，突出宣传加强自主创新，深入宣传构建社会主义和谐社会；围绕五个方面的内容开展活动：弘扬科学精神的主旋律，宣传“节约能源资源、保护生态环境、保障安全健康”，推动科研机构和大学向社会公众开放，科技促进社会主义新农村建设，提高未成年人科学素质。

活动周期间，全国科技活动周组委会举办了一系列重大活动，包括“公众科学日”示范科普活动，“中国科学家风采”系列宣传活动（制作并播出10集专题片《引领科技创新的旗帜》），“携手创新，合作共赢”产学研高层论坛，科技圆奥运梦想系列科普活动，香港“建设创新型国家”论坛等。

各部门和地方也根据各自的工作实际和各地特色，组织了数千项丰富多彩的科技活动。其中，20多个中央、国务院部委组织了200多项活动；32个省（自治区、直辖市）全都参与了科技活动周的筹备，组织了3 000余项各具特色的活动。

2007年7月，科技部在四川成都召开了“2007年全国科技活动周暨科普工作研讨会”，会议总结了2007年全国科技活动周的情况，并提出了2008年全国科技活动周的基本设想和推动新形势下科普工作的思路。

◎ 全国科普日

2007年全国科普日活动于9月15日—9月24日举行。为配合此前由中央17个部门联合举办

图13-1　2007年吉林省科技周开幕式

的“节能减排全民行动”活动，此次全国科普日的主题确定为“节约能源资源、保护生态环境、保障安全健康”。科普日期间，北京主会场活动以“节能减排，从我做起”为主题，安排了社区群众、青少年学生、机关干部、部队官兵、驻华使节、媒体记者等7个专场活动，取得良好效果。各级科协及所属团体组织共开展科普活动2 500多项。

◎ 科普能力建设培训

2007年12月12日，科技部政策体改司和上海市科委联合举办了“国家科普能力建设培训班暨上海论坛”，研究新形势下如何推进国家科普能力建设工作。在为期三天的培训和论坛上，来自中央、国务院有关部委、各省市科技厅（委）科普工作分管负责人以及其他有关方面的专家出席了活动，并围绕如何加强新形势下国家科普能力建设、组织开展好有特色的重点科普活动、加强国家科普基地建设、支持科普创作和优秀科普作品的出版等内容进行了广泛的交流与研讨。

◎ 农村科普

颁布了《农民科学素质教育大纲》，提出到2020年力争全国95%以上的农村劳动力能够接受科学素质教育培训，95%以上的乡村能够开展群众性、社会性、经常性的科学普及活动，全国农民的科学素质能够基本适应全面建设小康社会的要求。

2007年5月17日，由科技部、中宣部等九部委及安徽、河南、湖北三省人民政府共同主办的“振兴老区、服务三农、科技列车大别山行”大型活动启动，上百名科技工作者乘坐1453次列车奔赴大别山区，带给当地农民最需要的科技知识。本次活动历时9天，根据当地农民的生产生活需求，邀请农业、医疗卫生、环保等领域300多名专家，深入三省7个县市的34个乡镇，开展一系列内容丰富、形式多样的科技活动，惠及30余万农民，在社会上引起了积极反响，有力地推进了创新型国家建设和社会主义新农村建设。

中国环境科学学会联合首都10所高校，组织3 000余名大学生志愿者，共同发起“千乡万村环保科普行动”。山西省启动了“百万农民电脑科普培训”活动，目标是在几个月时间内，使百万农民学会用电脑、用网络，最终达到通过网络普及科学技术的目的。

此外，科普惠农兴村计划，院士专家西部行、东北行、老区行，“两牵手·一扶持（科技牵手，项目牵手，资金扶持）”，文化、科技、卫生三下乡，新型农民科技培训工程，农村劳动力转移培训工程，全国农业科技入户示范工程，生态家园富民工程，星火科技培训专项活动等连续性的科普项目，在本年度得到继续推进实施。

◎ 青少年科普

中国科协、教育部、共青团中央、中共中央精神文明建设办公室、国家广电总局共同启动了

"节水在我身边——2007年青少年科学调查体验活动",近30万名青少年参与对家乡水资源现状调查和水实验活动,近15 000名学生提供了体验数据,提出15 000条次的节水建议。以"节约、创新、发展"为主题,中国科协成功举办了第22届全国青少年科技创新大赛。"大手拉小手——青少年科技传播行动"、"保护母亲河行动"等项目继续推进。

◎ 其他特色科普活动

国家发改委与中国科协联合主办了"节能减排科普行动",在全国举办科普巡回展览并设立常设展区。以"节约能源资源"为主题,中国科协与中央电视台共同举办了第二届全国公众科学素质电视大赛,收看观众达3 000万人次。中国科协还联合卫生部、中共中央精神文明建设办公室共同举办"心的和谐——心理健康教育系列科普活动",倡导心理健康,促进社会和谐。

卫生部、科技部、中国科协联合启动了"卫生科技进社区"活动。

第三节 科普能力建设

2007年,我国科普工作在科普队伍建设、经费投入、科普基础设施建设、科普传媒以及科普活动等方面取得了长足的进展。

一、科普队伍建设

截至2006年底,全国共有各类科普人员162.35万人,平均每万人口中有科普人员12.3人。其中,科普专职人员19.99万人,每万人口中有科普专职人员1.5人;科普兼职人员142.35万人,每万人口中有科普兼职人员10.8人。与2004年底相比,上述数字都有了大幅提高。

表13-1 全国科普人员数统计(2004年,2006年)

	2004年	2006年	增长(%)
各类科普人员(万人)	77.48	162.35	109.5
每万人科普人员数(人)	6	12.3	105.0
科普专职人员(万人)	10.81	19.99	84.9
科普兼职人员(万人)	66.67	142.35	113.5

数据来源:科技部对全国科普工作的统计,统计时间截点为2006年底。

二、科普经费投入

2006年全国科普经费筹集额共计46.83亿元，比2004年增加了22.67亿元。全国各级政府划拨的指定用于开展科普活动的科普专项经费15.58亿元，全国人均科普专项经费为1.18元，比2004年翻了一番。

三、科普基础设施建设

2006年，全国科普场馆基建支出约为9.77亿元，远高于2004年的5.32亿元。截至2006年底，全国建筑面积在500平方米以上的科普场馆共有859个；科技馆、科技博物馆建筑面积355.43万平方米，展厅面积127.82万平方米，全年参观人数达3 307.02万人次；全国共有省级以上科普（技）教育基地2 016个，长度在10米以上的科普画廊13.45万个，城市社区科普（技）专用活动室4.71万个，农村科普（技）活动场地23.5万个。与2004年底的统计结果相比，上述指标均有大幅度提高。

图13-2　2007年5月，华北地区最大的首座湿地博物馆
——北京延庆野鸭湖湿地博物馆开馆

表13-2　全国科普基础设施建设统计（2004年，2006年）

	2004年	2006年	增长（%）
科普场馆基建支出（亿元）	5.32	9.77	83.6
建筑面积500平方米以上的科普场馆（个）	704	859	22.0
科技馆、科技博物馆建筑面积（万平方米）	286.88	355.43	23.9
科技馆、科技博物馆展厅面积（万平方米）	96.23	127.82	32.8
科技馆、科技博物馆参观人次（万人次）	2933	3307.02	12.8

（续表）

	2004年	2006年	增长（%）
省级以上科普（技）教育基地（个）	1192	2016	69.1
长度10米以上的科普画廊（万个）	6.15	13.45	118.7
城市社区科普（技）专用活动室（万个）	3.05	4.71	54.4
农村科普（技）活动场地（万个）	11.69	23.5	101.0

四、科普出版与传媒

2006年，全国共出版科普图书3 162种，出版总册数为4 900万册；出版各类科普期刊568种，出版总册数1.33亿册；发行科技类报纸4.04亿份；全国广播电台播出科普（技）节目总时长为9.92万小时，电视台播出科普（技）节目总时长为11.38万小时。截至2006年底，我国政府财政投资建设的专业科普网站共有1 465个。除科普期刊出版种类外，上述数据比2004年底的调查结果均有大幅度提高。

2007年还有许多优秀科普作品获得了国家级的科技奖励。共有7项科普著作获得国家科技进步奖，其中科普图书4项，音像制品3项，如《物理改变世界》、《沼气用户手册》科普连环画册、《世纪兵戈》国防科技系列片等。

科技部专项资助中国协和医科大学出版社、化学工业出版社、北京理工大学出版社出版国家科技计划科普丛书。

表13-3　全国科普出版与传媒统计（2004年，2006年）

	2004年	2006年	增长（%）
科普图书种类（种）	2523	3162	25.3
科普图书发行册数（万册）	1888	4900	159.5
科普期刊种类（种）	584	568	－2.7
科普期刊发行册数（万册）	6183	13300	115.1
科技类报纸发行量（亿份）	2	4.04	102.0
电视台播放科普（技）类节目时间（万小时）	8.41	11.38	35.3
广播电台播放科普（技）类节目时间（万小时）	8	9.92	24.0
政府财政投资建设的专业科普网站数（个）	995	1465	47.2

五、科普政策与理论研究

为了推动科普政策与理论研究，促进科普工作发展，2007年度中国科协、科技部继续资助科普研究项目。中国科协共资助科普研究项目14个，突出“节约能源资源、保护生态环境、保障安全健康”主题和科普资源建设的实际需要。科技部重点关注科普重大战略问题和政策的前瞻性研究与公民科学素质基准、监测指标的研究；在科普统计指标和数据分析以及科普丛书的研究和出版等方面，支持了一系列研究如“公民科学素质基准和公民科学素质监测指标研究制定”、“若干科普重大战略问题和政策的前瞻性研究”等，并验收了一系列以前资助的科普研究项目如“科学技术普及与社会主义精神文明建设研究”等，对推进科普事业的发展具有重大的促进作用。

第四节
科普与公众

2007年底，中国科协组织实施了第七次中国公民科学素质抽样调查，对公众获取科技信息、参与科普活动以及对科学技术的理解等问题进行了调查。

一、公众获取科技信息

◎ 对科技类信息感兴趣的公众比例维持在半数左右

分别有51.8%、51.2%和44.5%的公众对科学新发现、医学新进展、新发明和新技术类的新闻话题感兴趣。这个结果与2005年相比变化不大。

◎ 大众媒体仍是公众获取科技信息的主要渠道

90.2%的公众通过电视获得过科技发展信息。“报纸杂志”的利用比例为60.2%，比2005年（44.9%）有明显提高。通过“广播”、“科学期刊”、“图书”获得科技发展信息的比例分别为20.6%、13.2%和11.9%，与2005年相比变化不大。通过“因特网”获得科技发展信息的比例为10.7%，略高于2005年（7.4%），但仍然相对较低。

二、公众参与科普活动

◎ 公众参与科普活动的比例有所提高

与2005年相比，2007年中国公众参加各类科普活动，以及利用、参观各类科普设施的比例都有所提高。尤其是在参观动物园（水族馆、植物园）、科普画廊（宣传栏）和利用图书阅览室、公共图书馆等方面，公众参与的比例增长比较明显。

表 13-4　中国公众参与科普活动和使用科普设施的比例（2005 年，2007 年）

	2005 年	2007 年	增长（%）
参加科普活动			
科技培训	30.8	35.2	4.4
科技咨询	30.4	32.4	2.0
科普讲座	23.9	25.8	1.9
科技周（节、日）	11.9	14.7	2.8
科普宣传车活动	11.6	13.8	2.2
利用、参观科普设施			
动物园、水族馆、植物园	30.3	51.9	21.6
科普画廊或宣传栏	36.7	46.8	10.1
图书阅览室	29.2	43.7	14.5
公共图书馆	26.7	41.0	14.3
科技示范点或科普活动站	30.9	29.1	− 1.8
美术馆或展览馆	11.2	17.5	6.3
科技馆等科技类场馆	9.3	16.7	7.4
自然博物馆	7.1	13.9	6.8

◎ 公众对公共科技事务关注度较高，但实际参与度还不高

2007 年，63.3% 的公众“经常”或“有时”关注公共科技事务，58.7%“经常”或“有时”和亲友谈论公共科技事务方面的问题。热心参加过与公共科技事务有关活动的公众比例为 30.3%，主动参与过与公共科技事务有关活动的比例仅为 16.0%。

图 13-3　科普〝大篷车〞开到外来务工人员子女中间

三、公众对科学技术的理解与态度

◎ 具备基本科学素质的公众比例进一步提高

2007 年，中国公民具备基本科学素质的比例为 2.25%，比 2003 年（1.98%）提高了 0.27 个百

分点，比2005年（1.6%）提高了0.65个百分点，为历次调查以来的最高值。

◎ 多数公众对科学技术的发展持积极态度

61.9%的公众赞成“科学技术给我们既带来好处也带来坏处，但是好处多于坏处”的看法，但与2005年（72.1%）相比，这一比例有较明显的降低。此外，86.2%的公民赞成“科学技术使我们的生活更健康、更便捷、更舒适”；62.3%的公民反对“即使没有科学技术，人们也可以生活得很好”的说法。

◎ 科学技术职业在公众心目中享有较高的声望

教师、科学家、医生这三种职业仍是公众心目中声望最高的职业，这个结果与2005年类似。工程师的声望在所列职业中排第五位，比2005年的第七位提高了两位。同时，教师、医生、科学家仍是公众最为期望子女从事的职业。

主要科技指标

一、科技人力资源

二、R&D 经费

三、政府研究机构的科技活动

四、高等学校的科技活动

五、大中型工业企业的科技活动

六、科技活动产出

七、高技术产业发展

目录

一、科技人力资源

表 1-1　科技人力资源概况（2000—2007 年）

	2000 年	2001 年	2002 年	2003 年	2004 年	2005 年	2006 年	2007 年
全国								
经济活动人口（万人）	73992	74432	75360	76075	76823	77877	78244	78645
科技活动人员（万人）	322.4	314.1	322.2	328.4	348.1	381.5	413.2	454.4
科学家工程师	204.6	207.2	217.2	225.5	225.2	256.1	279.8	312.9
R&D 人员（万人年）	92.2	95.7	103.5	109.5	115.3	136.5	150.3	173.6
科学家工程师	69.5	74.3	81.1	86.2	92.6	111.9	122.4	142.3
基础研究	8.0	7.9	8.4	9.0	11.1	11.5	13.1	13.8
应用研究	22.0	22.6	24.7	26.0	27.9	29.7	30.0	28.6
试验发展	62.3	65.2	70.4	74.5	76.3	95.2	107.1	131.2
研究机构								
科技活动人员（万人）	47.3	42.7	41.5	40.6	39.8	45.6	46.2	47.8
科学家工程师	29.7	27.6	27.1	26.6	26.3	31.9	32.9	35.6
R&D 人员（万人年）	22.7	20.5	20.6	20.4	20.3	21.5	23.2	25.5
科学家工程师	15.0	14.8	15.2	15.6	15.8	16.9	17.7	19.8
高等学校								
科技活动人员（万人）	35.2	36.6	38.3	41.1	43.7	47.1	50.9	54.2
科学家工程师	31.5	35.9	37.6	40.4	36.4	39.5	42.9	46.0
R&D 人员（万人年）	16.3	17.1	18.2	18.9	21.2	22.7	24.3	25.4
科学家工程师	14.7	16.8	17.8	18.6	20.6	22.2	23.7	24.8
企业及其他[a]								
科技活动人员（万人）	239.9	234.8	242.4	246.7	264.7	288.8	316.1	352.4
科学家工程师	143.4	143.7	152.5	158.5	162.5	184.7	204.0	231.3
R&D 人员（万人年）	53.2	58.0	64.8	70.2	73.8	92.2	120.8	122.7
科学家工程师	39.9	42.7	48.0	52.0	56.2	72.8	81.0	97.7

a：其他是指政府部门所属的从事科技活动但难以归入研究机构的事业单位。

资料来源：国家统计局、科学技术部《中国科技统计年鉴 2008》。

表 1-2 部分国家（地区）R&D 人员

	年 份	R&D 人员（万人年）	每万劳动力[a]中 R&D 人员（人年/万人）	R&D 科学家工程师[b]（万人年）	每万劳动力[a]中 R&D 科学家工程师[b]（人年/万人）
中 国	2007	173.6	22.1	142.3	18.1
澳大利亚	2004	11.8	114.7	8.1	79.0
奥地利	2006	5.0	122.0	3.0	73.8
比利时	2006	5.5	118.7	3.4	73.0
加拿大	2004	19.9	115.5	12.5	72.7
捷 克	2006	4.8	91.8	2.6	50.5
丹 麦	2006	4.5	155.6	2.9	98.7
芬 兰	2006	5.8	218.2	4.0	151.4
法 国	2005	35.4	128.2	20.4	74.2
德 国	2006	48.9	117.8	28.2	67.9
希 腊	2006	3.5	72.0	2.0	40.8
匈牙利	2006	2.6	61.2	1.8	41.3
冰 岛	2005	0.3	194.8	0.2	130.1
爱尔兰	2006	1.8	83.7	1.2	57.7
意大利	2005	17.5	71.7	8.2	33.7
日 本	2006	93.5	140.5	71.0	106.6
韩 国	2006	23.8	99.1	20.0	83.4
卢森堡	2006	0.5	139.5	0.2	71.4
墨西哥	2005	8.9	21.3	4.8	11.5
荷 兰	2006	9.5	110.6	4.6	53.6
新西兰	2005	2.3	107.3	1.7	79.8

[续表 1-2]

	年　份	R&D 人员（万人年）	每万劳动力[a]中 R&D 人员（人年/万人）	R&D 科学家工程师[b]（万人年）	每万劳动力[a]中 R&D 科学家工程师[b]（人年/万人）
挪　威	2006	3.2	129.8	2.2	90.2
波　兰	2006	7.4	43.3	6.0	35.1
葡萄牙	2005	2.6	46.4	2.1	38.1
斯洛伐克	2006	1.5	56.6	1.2	44.4
西班牙	2006	18.9	87.6	11.6	53.6
瑞　典	2006	7.9	168.5	5.6	119.3
瑞　士	2004	5.2	119.8	2.5	58.2
土耳其	2006	5.4	21.5	4.3	16.9
英　国	2006	33.5	111.8	18.4	61.3
美　国	2005	–	–	138.8	92.7
OECD 总体	2005	–	–	387.9	69.7
欧盟 25 国	2005	214.5	98.5	126.7	58.2
欧盟 15 国	2005	195.6	106.6	113.3	61.8
阿根廷	2006	4.9	26.3	3.5	18.7
罗马尼亚	2006	3.1	30.7	2.1	20.5
俄罗斯	2006	91.7	123.6	46.4	62.6
新加坡	2006	3.0	116.1	2.5	96.5
斯洛文尼亚	2006	1.0	95.5	0.6	57.1
南　非	2005	2.9	17.8	1.7	10.7

a：中国“劳动力”指经济活动人口；b：中国以外的其他国家和地区 R&D 科学家工程师数据为参与 R&D 活动的研究人员。
资料来源：国家统计局、科学技术部《中国科技统计年鉴 2008》，OECD, Main Science and Technology Indicators 2008-1。

二、R&D 经费

表 2-1　R&D 经费按活动类型和执行部门分布（2000 — 2007 年）

单位：亿元

年　份	R&D 经费	按活动类型分布			按执行部门分布			
		基础研究	应用研究	试验发展	研究机构	企业	高等学校	其他
2000	895.7	46.7	151.9	697.0	258.0	537.0	76.7	24.0
2001	1042.5	55.6	184.9	802.0	288.5	630.0	102.4	21.6
2002	1287.6	73.8	246.7	967.2	351.3	787.8	130.5	18.0
2003	1539.6	87.7	311.4	1140.5	399.0	960.2	162.3	18.1
2004	1966.3	117.2	400.5	1448.7	431.7	1314.0	200.9	19.7
2005	2450.0	131.2	433.5	1885.2	513.1	1673.8	242.3	20.8
2006	3003.1	155.8	504.5	2342.8	567.3	2134.5	276.8	24.5
2007	3710.2	174.5	492.9	3042.8	687.9	2681.9	314.7	25.7

资料来源：国家统计局、科学技术部《中国科技统计年鉴 2008》。

表 2-2　中央和地方财政科技拨款及其占财政总支出的比重（2000 — 2007 年）

年　份	国家财政支出（A）			国家财政科技拨款（B）			B/A		
	（亿元）	中央	地方	（亿元）	中央	地方	%	中央	地方
2000	15886.5	5519.9	10366.7	575.6	349.6	226.0	3.6	6.3	2.2
2001	18902.6	5768.0	13134.6	703.3	444.3	258.9	3.7	7.7	2.0
2002	22053.2	6771.7	15281.5	816.2	511.2	305.0	3.7	7.6	2.0
2003	24650.0	7420.1	17229.9	975.5	639.9	335.6	4.0	8.6	2.0
2004	28486.9	7894.1	20592.8	1095.3	692.4	402.9	3.8	8.8	2.0
2005	33930.3	8776.0	25154.3	1334.9	807.8	527.1	3.9	9.2	2.1
2006	40422.7	9991.4	30431.3	1688.5	1009.7	678.8	4.2	10.1	2.2
2007	49781.4	11442.1	38339.3	1783.0	924.6	858.4	3.6	8.1	2.2

注：2007 年国家财政科技拨款统计科目发生变化，与往年数据不可比。

资料来源：国家统计局《中国统计年鉴 2008》，国家统计局、科学技术部、财政部《全国科技经费投入统计公报》2000 — 2006 年。

表 2-3　部分国家（地区）R&D 经费与国内生产总值的比值（2000—2007 年）

单位：%

	2000 年	2001 年	2002 年	2003 年	2004 年	2005 年	2006 年	2007 年
中　国	0.90	0.95	1.07	1.13	1.23	1.34	1.42	1.49
澳大利亚	1.51	–	1.69	–	1.78	–	–	–
奥地利	1.91	2.03	2.12	2.23	2.22	2.41	2.45	2.51
比利时	1.97	2.08	1.94	1.89	1.87	1.84	1.83	–
加拿大	1.92	2.09	2.04	2.01	2.05	2.01	1.94	1.89
捷　克	1.21	1.20	1.20	1.25	1.25	1.41	1.54	–
丹　麦	–	2.39	2.51	2.58	2.48	2.45	2.43	–
芬　兰	3.34	3.30	3.36	3.43	3.45	3.48	3.45	3.41
法　国	2.15	2.20	2.23	2.17	2.15	2.13	2.11	–
德　国	2.45	2.46	2.49	2.52	2.49	2.48	2.53	–
希　腊	–	0.51	–	0.50	0.55	0.58	0.57	–
匈牙利	0.78	0.92	1.00	0.93	0.88	0.94	1.00	–
冰　岛	2.69	2.98	2.99	2.86	–	2.78	–	–
爱尔兰	1.12	1.10	1.10	1.18	1.24	1.26	1.32	1.33
意大利	1.05	1.09	1.13	1.11	1.10	1.09	–	–
日　本	3.04	3.12	3.17	3.20	3.17	3.32	3.39	–
韩　国	2.39	2.59	2.53	2.63	2.85	2.98	3.23	–
卢森堡	1.65	–	–	1.66	1.63	1.57	1.47	–
墨西哥	0.37	0.39	0.44	0.43	0.47	0.50	–	–
荷　兰	1.82	1.80	1.72	1.76	1.78	1.74	1.67	–
新西兰	–	1.14	–	1.15	–	1.16	–	–
挪　威	–	1.59	1.66	1.71	1.59	1.52	1.52	–
波　兰	0.64	0.62	0.56	0.54	0.56	0.57	0.56	–
葡萄牙	0.76	0.80	0.76	0.74	0.77	0.81	0.83	–
斯洛伐克	0.65	0.63	0.57	0.58	0.51	0.51	0.49	–

[续表 2-3]

	2000 年	2001 年	2002 年	2003 年	2004 年	2005 年	2006 年	2007 年
西班牙	0.91	0.91	0.99	1.05	1.06	1.12	1.20	–
瑞　典	–	4.25	–	3.95	3.62	3.80	3.73	–
瑞　士	2.57	–	–	–	2.90	–	–	–
土耳其	0.64	0.72	0.66	0.6	0.67	0.79	0.76	–
英　国	1.86	1.83	1.83	1.79	1.71	1.76	1.78	–
美　国	2.74	2.76	2.66	2.66	2.59	2.62	2.62	–
OECD 总体	2.22	2.27	2.23	2.24	2.21	2.25	2.26	–
欧盟 25 国	1.76	1.78	1.79	1.78	1.76	1.77	1.79	–
欧盟 15 国	1.84	1.87	1.88	1.88	1.85	1.87	1.88	–
阿根廷	0.44	0.42	0.39	0.41	0.44	0.46	0.49	–
以色列	4.45	4.77	4.74	4.46	4.41	4.51	4.65	–
罗马尼亚	0.37	0.39	0.38	0.39	0.39	0.41	0.45	–
俄罗斯	1.05	1.18	1.25	1.28	1.15	1.07	1.08	–
新加坡	1.88	2.11	2.15	2.12	2.20	2.30	2.31	–
斯洛文尼亚	1.43	1.55	1.52	1.32	1.42	1.46	1.59	–

资料来源：国家统计局、科学技术部《中国科技统计年鉴 2008》，OECD, Main Science and Technology Indicators 2008-1.

三、政府研究机构的科技活动

表3-1 政府研究机构概况（2000—2007年）

	2000年	2001年	2002年	2003年	2004年	2005年	2006年	2007年
研究机构合计								
机构数（个）	5064	4593	4347	4193	3979	3901	3803	3775
从业人员（万人）	70.3	62.3	58.9	56.9	56.2	56.3	56.6	60.5
科技活动人员（万人）	47.3	42.7	41.5	40.6	39.8	45.6	46.2	47.8
科学家工程师（万人）	29.7	27.7	27.1	26.6	26.3	31.9	32.9	35.6
R&D人员（万人年）	22.7	20.5	20.6	20.4	20.3	21.5	23.1	25.5
科学家工程师	15.0	14.8	15.2	15.6	15.8	16.9	17.7	19.8
科技经费筹集额（亿元）	559.4	626.0	702.7	750.6	789.1	950.4	1020.3	1264.4
政府资金	377.4	434.9	498.0	535.0	596.0	763.4	835.5	1041.7
企业资金	37.7	25.4	36.3	47.1	49.8	56.2	52.7	54.3
银行贷款	10.7	8.6	11.9	11.3	9.1	12.7	11.5	10.2
科技经费内部支出额（亿元）	495.7	557.9	620.2	681.3	706.3	829.7	914.8	1095.0
劳务费	120.4	142.5	159.8	169.2	172.2	155.2	175.5	212.7
业务费	245.1	231.9	298.6	313.4	393.6	504.2	528.0	641.9
固定资产购建费	99.7	123.9	122.0	138.0	140.5	170.3	211.4	240.4
R&D经费支出（亿元）	258.0	288.5	351.3	399.0	431.7	513.1	567.3	687.9
基础研究	25.3	33.6	40.7	46.9	51.7	58.0	67.9	74.7
应用研究	66.7	80.0	121.2	141.1	159.1	176.4	196.2	227.1
试验发展	166.0	174.9	189.4	211.0	221.0	278.7	303.2	386.1
课题数（万个）	5.7	5.4	5.5	5.7	5.7	5.7	6.4	7.3
课题投入人员（万人年）	28.5	20.9	20.7	22.1	21.5	22.8	26.0	28.0
科学家工程师	19.1	16.2	15.7	16.5	15.8	16.9	19.8	21.3
课题投入经费（亿元）	289.2	220.9	254.3	337.4	341.4	441.9	451.7	543.4

注：政府研究机构是指县以上政府部门所属独立研究与开发机构及科技信息与文献机构，且不含已实行转制的研究机构。
资料来源：国家统计局、科学技术部《中国科技统计年鉴2008》。

表 3-2　政府研究机构的人员情况（2000—2007 年）

	2000 年	2001 年	2002 年	2003 年	2004 年	2005 年	2006 年	2007 年
研究机构合计								
机构数（个）	5064	4635	4347	4169	3979	3901	3803	3775
从业人员（万人）	70.3	62.3	58.9	56.9	56.2	56.3	56.6	60.5
科技活动人员（万人）	47.3	42.7	41.5	40.6	39.8	45.6	46.2	47.8
科学家工程师	29.7	27.7	27.1	26.6	26.3	31.9	32.9	35.6
R&D 人员（万人年）	22.7	20.5	20.6	20.4	20.3	21.5	23.1	25.5
科学家工程师	15.0	14.8	15.2	15.6	15.8	16.9	17.7	19.8
中央属								
机构数（个）	908	820	744	733	685	679	673	674
从业人员（万人）	39.7	36.3	34.6	34.3	34.3	34.8	35.4	39.2
科技活动人员（万人）	28.0	26.0	25.3	25.4	24.9	30.1	30.5	31.7
科学家工程师	17.3	16.7	16.4	16.6	16.4	21.4	22.2	23.9
R&D 人员（万人年）	18.5	16.6	16.6	16.5	16.4	17.4	18.8	20.8
地方属								
机构数（个）	4156	3815	3603	3436	3294	3222	3130	3101
从业人员（万人）	30.5	26.0	24.4	22.6	21.8	21.5	21.3	21.3
科技活动人员（万人）	19.2	16.8	16.2	15.2	14.9	15.5	15.7	16.1
科学家工程师	12.4	10.9	10.7	10.1	9.9	10.5	10.7	11.8
R&D 人员（万人年）	4.2	3.9	4.0	3.9	3.9	3.6	4.4	4.7

资料来源：国家统计局、科学技术部《中国科技统计年鉴》2001—2008 年。

表 3-3　政府研究机构的经费情况（2000—2007 年）

单位：亿元

	2000 年	2001 年	2002 年	2003 年	2004 年	2005 年	2006 年	2007 年
研究机构合计								
科技经费筹集额	559.4	626.0	702.7	750.6	789.1	950.4	1020.3	1264.4
政府资金	377.4	434.9	498.0	535.0	596.0	763.4	835.5	1041.7
企业资金	37.7	25.4	36.3	47.1	49.8	56.2	52.7	54.3
银行贷款	10.7	8.6	11.9	11.3	9.1	12.7	11.5	10.2
科技经费内部支出额	495.7	557.9	620.2	681.3	706.3	829.7	914.8	1095.0
劳务费	120.4	142.5	159.8	169.2	172.2	155.2	175.5	212.7
业务费	245.1	231.9	298.6	313.4	393.6	504.2	528.0	641.9
固定资产购建费	99.7	123.9	122.0	138.0	140.5	170.3	211.4	240.4
R&D 经费支出	258.0	288.5	351.3	399.0	431.7	513.1	567.3	687.9
基础研究	25.3	33.6	40.7	46.9	51.7	58.0	67.9	74.7
应用研究	66.7	80.0	121.2	141.1	159.1	176.4	196.2	227.1
试验发展	166.0	174.9	189.4	211.0	221.0	278.7	303.2	386.1
中央属								
科技经费筹集额	406.9	477.0	542.0	582.8	621.0	771.3	822.2	1020.9
政府资金	303.5	355.0	409.4	435.4	487.2	633.0	691.7	862.3
企业资金	27.2	17.0	25.8	36.7	37.5	44.6	40.4	38.5
银行贷款	5.2	5.1	9.2	8.7	8.5	12.5	11.4	10.0
科技经费内部支出额	349.0	413.0	468.1	521.3	548.7	664.5	734.6	875.5
劳务费	64.2	82.3	94.8	102.1	107.6	104.5	118.3	144.4
业务费	211.2	195.2	256.7	273.5	322.7	417.8	430.0	524.4
固定资产购建费	78.5	103.3	102.0	118.0	118.4	142.2	186.3	206.7
R&D 经费支出	231.3	265.4	325.3	371.1	399.1	476.0	523.1	636.3
基础研究	24.1	32.2	38.9	44.9	49.7	55.6	64.3	70.7
应用研究	60.5	73.6	113.2	132.6	149.1	165.6	183.3	212.6
试验发展	146.7	159.7	173.2	193.6	200.2	254.9	275.5	353.0
地方属								
科技经费筹集额	152.5	149.0	160.7	167.9	168.1	179.1	198.1	243.5
政府资金	73.9	79.9	88.6	99.6	108.9	130.4	143.8	179.4
企业资金	10.4	8.4	10.5	10.4	12.4	11.6	12.3	15.7
银行贷款	5.5	3.6	2.7	2.6	0.5	0.2	0.1	0.3
科技经费内部支出额	146.7	144.9	152.1	160.0	157.7	165.2	180.3	219.5
劳务费	56.2	60.2	65.0	67.1	65.6	50.7	57.2	68.4
业务费	33.9	36.7	41.9	39.9	70.9	86.4	98.0	117.4
固定资产购建费	21.2	20.6	20.1	19.9	22.2	28.1	25.1	33.7
R&D 经费支出	26.7	23.1	26.0	27.9	32.6	37.1	44.2	51.6
基础研究	1.2	1.4	1.8	2.0	2.0	2.5	3.5	4.0
应用研究	6.2	6.4	8.0	8.5	10.0	10.7	12.9	14.5
试验发展	19.3	15.3	16.2	17.4	20.7	23.9	27.8	33.0

资料来源：国家统计局、科学技术部《中国科技统计年鉴》2001—2008 年。

四、高等学校的科技活动

表4-1 高等学校科技活动概况（2000—2007年）

	2000年	2001年	2002年	2003年	2004年	2005年	2006年	2007年
学校数（个）	1041	1225	1396	1552	1731	1792	1867	1908
从业人员（万人）	111	121	130	145	161	174	223	235
科技活动人员（万人）	35.2	36.6	38.3	41.1	43.7	47.1	50.9	54.2
科学家工程师	31.5	35.9	37.6	40.4	36.4	39.5	42.9	46.0
R&D人员（万人年）	15.9	17.1	18.1	18.9	21.2	22.7	24.2	25.4
科学家工程师	14.7	16.8	17.8	18.6	20.6	22.2	23.7	24.8
基础研究	5.1	5.1	5.6	5.8	7.4	7.8	9.0	9.4
应用研究	8.7	9.2	9.5	10.0	10.4	11.1	11.3	12.0
试验发展	2.1	2.8	3.1	3.1	3.4	3.9	3.9	4.0
科技经费筹集额（亿元）	166.8	200.0	247.7	307.8	391.6	460.9	528.0	612.7
政府拨款	97.5	109.8	137.3	164.8	210.6	251.6	287.8	345.4
企业资金	55.5	72.5	89.6	112.6	148.6	172.9	197.4	219.2
银行贷款	1.4	1.0	1.3	1.5	1.3	0.3	0.1	–
科技经费内部支出额（亿元）	137.2	165.9	204.2	253.9	318.2	387.5	440.9	489.1
劳务费	28.5	29.8	38.2	49.2	58.3	71.5	78.9	87.0
业务费	81.2	–	–	–	–	–	–	–
固定资产购建费	27.4	51.3	38.3	45.1	81.4	93.9	113.0	115.0
R&D经费（亿元）	76.7	102.4	130.5	162.3	200.9	242.3	276.8	314.7
基础研究	17.8	19.0	27.8	32.9	47.9	56.7	71.4	86.8
应用研究	40.0	56.6	67.1	89.7	108.8	125.0	137.3	161.8
试验发展	18.9	26.8	35.6	39.7	44.2	60.6	68.2	66.1

资料来源：国家统计局、科学技术部《中国科技统计年鉴》2007—2008年。

表 4-2　高等学校分学科科技活动概况（2007 年）

	单位	自然科学与工程技术领域	社会与人文科学领域
科技活动人员	人	366668	175490
科学家工程师	人	284606	174924
R&D 人员	人年	189287	64614
科学家工程师	人年	183801	64478
科技经费筹集额	万元	5698287	428816
政府拨款	万元	3205243	249130
企业资金	万元	2095540	96471
科技经费内部支出额	万元	4512857	378352
劳务费	万元	757779	112321
固定资产购建费	万元	1074822	75104
R&D 经费	万元	2768526	378352
基础研究	万元	765383	102555
应用研究	万元	1518349	99450
试验发展	万元	484794	176347
R&D 课题数	项	229375	146050
R&D 课题人员投入	人年	189287	62237
R&D 课题经费支出	万元	2402041	180314

资料来源：国家统计局、科学技术部《中国科技统计年鉴 2008》。

表 4-3　部分国家高等学校 R&D 经费按活动类型分布

单位：亿美元

	中国 (2007)	美国 (2006)	法国 (2003)	瑞士 (2002)	丹麦 (2005)	澳大利亚 (2002)	挪威 (2005)	西班牙 (2005)	韩国 (2003)
R&D 经费	41.39	490.91	75.54	17.71	15.15	18.63	12.71	29.94	16.22
基础研究	11.42	368.89	65.25	14.26	8.41	9.66	6.26	14.03	5.84
应用研究	21.28	103.25	8.63	2.50	5.03	7.56	4.62	11.77	5.32
试验发展	8.69	18.27	1.65	0.95	1.71	1.42	1.83	4.15	5.06

资料来源：国家统计局、科学技术部《中国科技统计年鉴 2008》，OECD, R&D Statistics-2007。

五、大中型工业企业的科技活动

表 5-1 大中型工业企业的基本情况（2000—2007 年）

	2000 年	2001 年	2002 年	2003 年	2004 年	2005 年	2006 年	2007 年
企业数（个）	21776	22904	23096	22276	27692	28567	32647	36252
有科技机构的企业数（个）	6187	6000	5836	5545	6468	6775	7579	8820
有科技活动的企业数（个）	11008	10461	10346	9509	10620	11060	12068	13896
科技机构数（个）	7601	7400	7192	6841	9083	9352	10464	11847
年末从业人员（万人）	2902	2804	2710	3103	3508	3742	4373	4375
工程技术人员	303	306	304	313	296	322	349	395
主营业务收入（亿元）	49847	58511	67452	96497	133929	164974	214659	261278
新产品	7641	8794	10838	14098	20421	24097	31233	40976
新产品出口	1271	1393	1772	2590	4854	5539	7335	9922
工业增加值（亿元）	15747	18133	20841	29073	–	48074	58794	74604
科技活动人员（万人）	138.7	136.8	136.7	141.1	144.9	167.9	189.2	220.2
科学家工程师	76.9	79.1	81.3	87.3	84.2	103.1	117.6	140.1
科技经费筹集额（亿元）	922.8	1046.7	1213.0	1588.6	2090.7	2665.8	3300.8	4312.6
政府资金	43.2	41.1	53.7	51.8	64.8	81.9	105.4	144.3
企业资金	744.4	880.4	1020.3	1339.6	1832.5	2358.6	2892.4	3826.1
银行贷款	97.3	95.6	99.9	156.5	155.3	169.4	253.7	267.6
科技经费内部支出额（亿元）	823.7	977.9	1164.1	1467.8	2002.0	2543.3	3175.8	4123.7
劳务费	177.4	218.5	258.9	324.4	446.1	501.4	609.7	810.6
新产品开发经费支出	388.9	422.0	509.2	639.0	821.0	1457.2	1862.9	2453.3
R&D 人员（万人年）	32.9	37.9	42.4	47.8	43.8	60.6	69.6	85.8
R&D 经费支出（亿元）	353.6	442.3	560.2	720.8	954.4	1250.3	1630.2	2112.5
技术改造经费支出（亿元）	1132.6	1264.8	1492.1	1896.4	2588.5	2792.9	3019.6	3650.0
技术引进经费支出（亿元）	245.4	285.9	372.5	405.4	367.9	296.8	320.4	452.5
消化吸收经费支出（亿元）	18.2	19.6	25.7	27.1	54.0	69.4	81.9	106.6
购买国内技术支出（亿元）	26.4	36.3	42.9	54.3	69.9	83.4	87.4	129.6

资料来源：国家统计局、科学技术部《中国科技统计年鉴 2008》，国家统计局《中国统计年鉴 2001—2008》。

表5-2 各行业不同登记注册类型大中型工业企业R&D经费（2007年）

行业	R&D经费（万元）	内资企业	三资企业
大中型工业企业合计	21124561	14972444	6152117
煤炭开采和洗选业	477496	476572	925
石油和天然气开采业	271760	271760	0
黑色金属矿采选业	13013	13013	0
有色金属矿采选业	39194	39194	0
非金属矿采选业	20846	16830	4016
农副食品加工业	204907	88918	115988
食品制造业	159083	91703	67380
饮料制造业	266493	172441	94052
烟草制品业	87081	85920	1161
纺织业	433510	332942	100568
纺织服装、鞋、帽制造业	96603	71258	25345
皮革、毛皮、羽毛(绒)及其制品业	46033	20153	25880
木材加工及木、竹、藤、棕、草制品业	51686	47419	4267
家具制造业	37415	11161	26254
造纸及纸制品业	170425	104193	66232
印刷业和记录媒介的复制	50287	24839	25448
文教体育用品制造业	39106	16448	22658
石油加工、炼焦及核燃料加工业	195286	186481	8805
化学原料及化学制品制造业	1411622	1229254	182368
医药制造业	658836	456687	202149
化学纤维制造业	268027	217988	50040
橡胶制品业	280685	208587	72098
塑料制品业	138757	67810	70947
非金属矿物制品业	295624	226442	69182
黑色金属冶炼及压延加工业	2198162	2071002	127160
有色金属冶炼及压延加工业	668903	597458	71445
金属制品业	319334	229685	89649
通用设备制造业	1375979	920187	455793
专用设备制造业	1093874	860954	232920
交通运输设备制造业	3012684	1862216	1150468
电气机械及器材制造业	2138015	1583167	554848
通信设备、计算机及其他电子设备制造业	4041328	1946040	2095288
仪器仪表及文化、办公用机械制造业	290926	181849	109078
工艺品及其他制造业	64973	53403	11570
电力、热力的生产和供应业	197927	180427	17500
燃气生产和供应业	1676	1299	377
水的生产和供应业	7007	6745	262

资料来源：国家统计局、科学技术部《中国科技统计年鉴2008》。

六、科技活动产出

表 6-1 国内科技论文按学科及机构类型的分布（2000—2007 年）

单位：篇

	2000 年	2001 年	2002 年	2003 年	2004 年	2005 年	2006 年	2007 年
总 计	180848	203229	238833	274604	311737	355070	404858	463122
按学科分布								
基础学科	37024	38190	44110	47633	54883	58573	61446	59960
医药卫生	50516	61312	70339	99063	112294	139884	163121	194841
农林牧渔	11309	12109	15357	17771	20748	24304	28053	30721
工业技术	81282	89463	103927	104347	114941	127234	143388	161496
其他	717	2155	5100	5790	8871	5075	8850	4073
按机构类型分布								
高等学校	115626	132608	157984	181902	214710	234609	243485	305788
研究机构	29580	29085	28779	30123	34043	38101	42354	47189
企业	12931	14452	16307	15489	13673	14034	13269	14785
医疗机构	15816	19736	25612	33242	35691	52331	91283	76328
其他	6895	7348	10151	13848	13620	15995	14467	19032

资料来源：中国科学技术信息研究所《中国科技论文统计与分析（年度研究报告）》2000—2007 年。

表 6-2 SCI、EI 和 ISTP 收录的我国科技论文（2000—2007 年）

年 份	SCI、EI 和 ISTP 收录我国			SCI 论文数			EI 论文数			ISTP 论文数		
	论文数（篇）	占总收录的比重 %	位次	（篇）	占总收录的比重 %	位次	（篇）	占总收录的比重 %	位次	（篇）	占总收录的比重 %	位次
2000	49678	3.55	8	30499	3.15	8	13163	5.78	3	6016	2.94	8
2001	64526	4.38	6	35685	3.57	8	18578	7.66	3	10263	4.47	6
2002	77395	5.37	5	40758	4.18	6	23224	10.12	2	13413	5.66	5
2003	93352	5.09	5	49788	4.48	6	24997	8.04	3	18567	4.50	6
2004	111356	6.32	5	57377	5.43	5	33500	10.49	2	20479	5.33	5
2005	153374	6.87	4	68226	5.30	5	54362	12.60	2	30786	6.20	5
2006	171878	8.37	2	71184	5.87	5	65041	14.60	2	35653	9.01	2
2007	207865	9.82	2	89147	7.03	5	75587	18.91	1	43131	9.59	2

注：SCI、EI 和 ISTP 分别为美国《科学引文索引》、《工程索引》和《科学技术会议录索引》的缩写。

资料来源：中国科学技术信息研究所《中国科技论文统计与分析（年度研究报告）》2000—2007 年。

表 6-3 专利申请受理量和授权量（2000—2007 年）

单位：件

	年 份	申请量				授权量			
		小 计	发 明	实用新型	外观设计	小 计	发 明	实用新型	外观设计
合计	2000	170682	51747	68815	50120	105345	12683	54743	37919
	2001	203573	63204	79722	60647	114251	16296	54359	43596
	2002	252631	80232	93139	79260	132399	21473	57484	53442
	2003	308487	105318	109115	94054	182226	37154	68906	76166
	2004	353807	130133	112825	110849	190238	49360	70623	70255
	2005	476264	173327	139566	163371	214003	53305	79349	81349
	2006	573178	210490	161366	201322	268002	57786	107655	102561
	2007	693917	245161	181324	267432	351782	67948	150036	133798
国内	2000	140339	25346	68461	46532	95236	6177	54407	34652
	2001	165773	30038	79275	56460	99278	5395	54018	39865
	2002	205544	39806	92166	73572	112103	5868	57092	49143
	2003	251238	56769	107842	86627	149588	11404	68291	69893
	2004	278943	65786	111578	101579	151328	18241	70019	63068
	2005	383157	93485	138085	151587	171619	20705	78137	72777
	2006	470342	122318	159997	188027	223860	25077	106312	92471
	2007	586498	153060	179999	253439	301632	31945	148391	121296
国外	2000	30343	26401	354	3588	10109	6506	336	3267
	2001	37800	33166	447	4187	14973	10901	341	3731
	2002	47087	40426	973	5688	20296	15605	392	4299
	2003	57249	48549	1273	7427	32638	25750	615	6273
	2004	74864	64347	1247	9270	38910	31119	604	7187
	2005	93107	79842	1481	11784	42384	32600	1212	8572
	2006	102836	88172	1369	13295	44142	32709	1343	10090
	2007	107419	92101	1325	13993	50150	36003	1645	12502

资料来源：国家知识产权局《专利统计年报》2000—2007 年。

表 6-4　国内职务发明专利申请量和授权量按地区与机构类型分布（2007 年）

单位：件

地区	职务发明专利申请				职务发明专利授权			
	高等学校	研究机构	企　业	机关团体	高等学校	研究机构	企　业	机关团体
全 国	23001	9748	73893	1022	8214	3173	12851	250
北 京	3677	3337	8526	139	1351	1001	1796	44
天 津	966	257	3436	42	422	48	570	6
河 北	212	78	411	8	59	27	111	1
山 西	185	127	306	17	93	48	46	1
内蒙古	36	7	197	3	9	4	36	0
辽 宁	795	798	1316	54	246	285	247	13
吉 林	314	304	324	9	103	130	69	1
黑龙江	1017	86	262	2	322	10	79	3
上 海	3703	1151	8360	272	1403	545	1023	52
江 苏	2375	432	7649	49	795	108	789	15
浙 江	2223	155	2656	55	780	43	504	14
安 徽	205	130	601	7	91	49	71	2
福 建	406	122	677	15	106	19	72	2
江 西	123	24	208	3	21	4	61	3
山 东	718	295	2744	46	308	120	417	8
河 南	334	150	853	16	48	37	150	8
湖 北	1175	187	1063	12	493	56	170	7
湖 南	634	68	667	13	172	21	164	3
广 东	1254	355	20296	84	395	139	2443	30
广 西	139	39	290	3	41	16	53	1
海 南	5	37	71	1	6	9	11	0
重 庆	409	52	588	64	136	24	84	10
四 川	672	273	1165	32	247	84	232	8
贵 州	62	191	342	8	17	31	89	1
云 南	175	147	250	15	80	63	99	2
西 藏	0	0	18	0	0	1	2	0
陕 西	908	204	635	19	392	69	125	5
甘 肃	146	130	129	0	44	48	37	0
青 海	0	21	23	0	1	8	7	1
宁 夏	13	6	21	0	3	3	7	0
新 疆	33	77	112	2	4	20	28	1
香 港	54	0	388	2	25	0	100	1
澳 门	4	1	1	1	0	0	0	0
台 湾	29	507	9308	29	1	103	3159	7

资料来源：国家知识产权局《专利统计年报 2007》。

七、高技术产业发展

表 7-1 高技术产业基本情况（2000—2007 年）

	2000 年	2001 年	2002 年	2003 年	2004 年	2005 年	2006 年	2007 年
全部制造业								
企业数（个）	148279	156816	166868	181186	259374	251499	279282	313046
工业总产值（亿元）	75108	84421	98326	127352	175287	217836	274572	353631
增加值（亿元）	19701	22312	26313	34089	45778	57232	72437	93977
从业人员年平均人数（万人）	4606	4529	4617	4884	5667.34	5935.25	6346.89	6856
产品销售收入（亿元）	71698	80272	94114	124035	171837	213844	270478	347890
利税总额（亿元）	6700	7522	9091	12119	10969	18441	23665	33855
高技术产业								
企业数（个）	9758	10479	11333	12322	17898	17527	19161	21517
工业总产值（亿元）	10411	12263	15099	20556	27769	34367	41996	50461
增加值（亿元）	2759	3095	3769	5034	6341	8128	10056	11621
从业人员年平均人数（万人）	390	398	424	477	587	663	744	843
产品销售收入（亿元）	10034	12015	14614	20412	27846	33922	41585	49714
利税总额（亿元）	1033	1108	1166	1465	1784	2090	2611	3353
航空航天制造业								
企业数（个）	176	169	173	148	177	167	173	181
工业总产值（亿元）	388	469	535	551	502	797	828	1024
增加值（亿元）	106	124	149	141	149	209	241	292
从业人员年平均人数（万人）	46	42	39	34	27	30	30	30
产品销售收入（亿元）	378	444	500	547	498	781	799	1006
利税总额（亿元）	17	21	28	28	26	44	61	76
计算机及办公设备制造业								
企业数（个）	494	543	630	810	1374	1267	1293	1450
工业总产值（亿元）	1677	2200	3479	5987	8692	10667	12511	14859
增加值（亿元）	374	432	604	1022	1226	1824	2111	2273
从业人员年平均人数（万人）	24	30	39	59	83	101	122	143
产品销售收入（亿元）	1599	2296	3442	6306	9193	10722	12634	14887
利税总额（亿元）	104	107	148	210	270	331	359	522

[续表 7-1]

	2000年	2001年	2002年	2003年	2004年	2005年	2006年	2007年
电子及通信设备制造业								
企业数（个）	3977	4294	4709	5166	8044	7781	8606	9963
工业总产值（亿元）	5981	6900	7948	10217	14007	16867	21218	25088
增加值（亿元）	1471	1623	1939	2572	3366	4016	5118	5808
从业人员年平均人数（万人）	174	177	193	223	304	347	393	455
产品销售收入（亿元）	5871	6724	7659	9927	13819	16646	21069	24824
利税总额（亿元）	592	593	537	675	861	927	1270	1454
医疗设备及仪器仪表制造业								
企业数（个）	1810	1985	2140	2135	3538	3341	3721	4175
工业总产值（亿元）	584	653	759	911	1327	1785	2421	3128
增加值（亿元）	174	193	242	275	427	549	777	961
从业人员年平均人数（万人）	47	47	48	45	58	62	70	77
产品销售收入（亿元）	558	628	734	880	1303	1752	2364	3030
利税总额（亿元）	58	74	87	105	148	202	279	374
医药制造业								
企业数（个）	3301	3488	3681	4063	4765	4971	5368	5748
工业总产值（亿元）	1781	2041	2378	2890	3241	4250	5019	6362
增加值（亿元）	634	722	835	1025	1173	1530	1808	2287
从业人员年平均人数（万人）	100	103	106	115	114	123	130	137
产品销售收入（亿元）	1627	1924	2280	2751	3033	4020	4719	5967
利税总额（亿元）	263	313	366	447	480	584	643	928

注：数据为全部国有及年销售收入在500万元以上的非国有工业企业。

资料来源：国家统计局、国家发展和改革委员会、科学技术部《中国高技术产业统计年鉴 2008》。

表 7-2　高技术产业的主要科技指标（2000—2007 年）

	2000 年	2001 年	2002 年	2003 年	2004 年	2005 年	2006 年	2007 年
全部制造业								
R&D 人员（万人年）	29.67	33.93	37.99	43.02	38.65	54.50	62.20	77.76
R&D 经费（亿元）	323.05	412.37	526.31	678.42	892.48	1184.52	1551.39	2009.56
技术引进经费（亿元）	235.54	274.05	362.98	394.74	354.48	288.49	302.46	434.64
新产品销售收入（亿元）	7607.67	8763.42	10806.72	14021.36	20259.95	23804.21	30876.90	40517.15
拥有发明专利数（件）	6054	7729	8838	14654	17101	21870	28168	42455
高技术产业								
R&D 人员（万人年）	9.16	11.16	11.84	12.78	12.08	17.32	18.90	24.82
R&D 经费（亿元）	111.04	157.01	186.97	222.45	292.13	362.50	456.44	545.32
技术引进经费（亿元）	47.05	75.95	93.71	93.54	111.90	84.80	78.58	130.90
新产品销售收入（亿元）	2483.82	2875.86	3416.11	4515.04	6099.00	6914.70	8248.86	10303.22
拥有发明专利数（件）	1443	1553	1851	3356	4535	6658	8141	13386
航空航天制造业								
R&D 人员（万人年）	3.08	3.21	3.61	2.82	2.40	2.99	2.74	2.72
R&D 经费（亿元）	13.79	16.52	22.29	22.26	25.25	27.80	33.34	42.59
技术引进经费（亿元）	2.98	4.70	7.40	7.58	3.35	3.04	3.68	2.19
新产品销售收入（亿元）	81.33	96.08	143.16	215.11	212.48	337.35	305.04	379.13
拥有发明专利数（件）	139	105	126	141	73	192	228	270
计算机及办公设备制造业								
R&D 人员（万人年）	0.39	0.67	0.66	1.24	1.36	1.75	2.46	2.97
R&D 经费（亿元）	11.55	10.71	24.84	25.75	39.60	43.45	72.93	81.82
技术引进经费（亿元）	7.78	11.72	19.29	17.43	2.20	11.47	9.89	18.99
新产品销售收入（亿元）	537.00	629.36	752.75	954.96	1342.01	2070.09	2963.11	2814.74
拥有发明专利数（件）	131	115	38	271	711	473	1174	3210

[续表 7-2]

	2000年	2001年	2002年	2003年	2004年	2005年	2006年	2007年
电子及通信设备制造业								
R&D人员（万人年）	3.66	4.93	4.97	6.16	6.05	9.51	9.78	14.24
R&D经费内部支出（亿元）	67.94	105.39	112.16	138.50	188.55	234.72	276.89	324.52
技术引进经费（亿元）	30.56	53.64	58.48	59.53	100.01	66.50	60.54	104.42
新产品销售收入（亿元）	1630.81	1878.06	2206.06	2926.19	4026.43	3852.04	4173.48	6013.02
拥有发明专利数（件）	589	828	1068	2100	2453	4268	3807	6532
医疗设备及仪器仪表制造业								
R&D人员（万人年）	0.80	0.83	0.79	0.81	0.88	1.11	1.38	1.81
R&D经费（亿元）	4.28	5.14	6.04	8.27	10.55	16.59	20.70	30.51
技术引进经费（亿元）	1.21	1.00	1.96	1.62	0.55	0.23	1.25	2.26
新产品销售收入（亿元）	64.42	70.25	65.28	115.00	129.31	185.82	237.31	383.65
拥有发明专利数（件）	170	197	135	385	396	591	967	892
医药制造业								
R&D人员（万人年）	1.21	1.52	1.82	1.75	1.39	1.96	2.54	3.08
R&D经费（亿元）	13.47	19.25	21.64	27.67	28.18	39.95	52.59	65.88
技术引进经费（亿元）	4.51	4.89	6.58	7.38	5.75	3.58	3.21	3.03
新产品销售收入（亿元）	170.26	202.11	248.86	303.79	388.72	469.36	569.92	712.69
拥有发明专利数（件）	414	308	484	459	902	1134	1965	2482

注：数据为大中型工业企业。

资料来源：国家统计局、国家发展和改革委员会、科学技术部《中国高技术产业统计年鉴 2008》。

表 7-3 高技术产品的进出口贸易（2000—2007 年）

	2000 年	2001 年	2002 年	2003 年	2004 年	2005 年	2006 年	2007 年
商品出口总额(亿美元)	2492	2662	3256	4384	5934	7620	9691	12180
工业制成品(亿美元)	2238	2398	2971	4036	5528	7130	9161	11565
占商品出口总额的比重(%)	89.8	90.1	91.3	92.1	93.2	93.6	94.5	95.0
高技术产品(亿美元)	370	465	679	1103	1654	2182	2815	3478
占商品出口总额的比重(%)	14.9	17.5	20.8	25.2	27.9	28.6	29.0	28.6
占工业制成品出口额的比重(%)	16.6	19.4	22.8	27.3	29.9	30.6	30.7	30.1
商品进口总额(亿美元)	2251	2436	2952	4128	5614	6601	7916	9558
工业制成品(亿美元)	1784	1978	2459	3401	4441	5124	6045	7128
占商品进口总额的比重(%)	79.2	81.2	83.3	82.4	79.1	77.6	76.4	74.6
高技术产品(亿美元)	525	641	828	1193	1613	1977	2473	2870
占商品进口总额的比重(%)	23.3	26.3	28.1	28.9	28.7	30.0	31.2	30.0
占工业制成品进口额的比重(%)	29.4	32.4	33.7	35.1	36.3	38.6	40.9	40.3
贸易差额(亿美元)	241	225	304	256	319	1019	1775	2622
工业制成品(亿美元)	454	420	512	635	1087	2006	3116	4437
高技术产品(亿美元)	-155	-177	-150	-90	41	205	342	608

资料来源：国家统计局、科学技术部《中国科技统计年鉴 2008》。

表 7-4 高新技术产业开发区企业概况（2000—2007 年）

	2000 年	2001 年	2002 年	2003 年	2004 年	2005 年	2006 年	2007 年
企业数（家）	20796	24293	28338	32857	38565	41990	45828	48472
年末从业人员数（万人）	251	294	349	395	448	521	574	650
工业总产值（亿元）	7942	10117	12937	17257	22639	28958	35899	44377
工业增加值（亿元）	1979	2621	3286	4361	5542	6821	8521	10715
总收入（亿元）	9209	11928	15326	20939	27446	34416	43320	54925
净利润（亿元）	597	645	801	1129	1423	1603	2129	3159
实际上缴税费（亿元）	460	640	766	990	1240	1616	1977	2614
出口额（亿美元）	186	227	329	510	824	1117	1361	1728

资料来源：科技部火炬高技术产业开发中心，《中国火炬统计年鉴 2008》。

图书在版编目(CIP)数据

中国科学技术发展报告2007/中华人民共和国科学技术部编．北京：科学技术文献出版社，2009.2

ISBN 978-7-5023-6221-8

Ⅰ.中…　Ⅱ.中…　Ⅲ.科学技术－技术发展－研究报告－中国－2007　Ⅳ.N120.1

中国版本图书馆CIP数据核字(2009)第015656号

出　版　者　科学技术文献出版社
地　　　址　北京复兴路15号/100038
图书编务部电话　(010) 51501739
图书发行部电话　(010) 51501720，(010) 68514035 (传真)
邮购部电话　(010) 51501729
网　　　址　http://www.stdph.com
E-mail: stdph@istic.ac.cn
责任编辑　鲁　毅
责任校对　赵文珍
责任出版　王杰馨
装帧设计　北京博雅思企划有限公司
发　行　者　科学技术文献出版社发行　全国各地新华书店经销
印　刷　者　北京华联印刷有限公司
版（印）次　2009年2月第1版第1次印刷
开　　　本　889×1194　16开
字　　　数　350千
印　　　张　16
印　　　数　1～10000册
定　　　价　120.00元